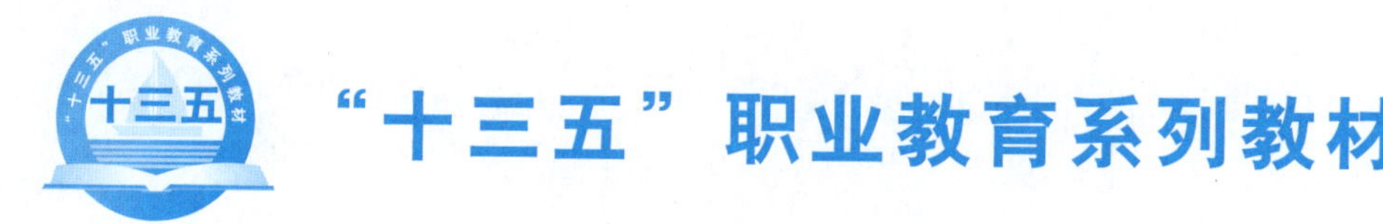

机械制图习题集（第二版）

JIXIE ZHITU XITIJI

卢杉　编
焦锋　主审

内容提要

本习题集是结合高职高专院校对本课程的要求，按照最新颁布的国家标准《技术制图》与《机械制图》，贯彻少而精原则编写而成的。在习题的选取上，符合学生的认识规律，由浅入深，逐步提高；习题形式多样，针对性强。主要内容包括：制图的基本知识和技能，正投影法与三视图，物体上点、线和面的投影，基本体的三视图，组合体的视图与尺寸注法，轴测图，机件常用的表达方法，标准件和常用件，零件图，装配图。本习题集与卢杉、史文涛主编的《机械制图（第二版）》配套使用。

本书可作为高职高专院校机械类、近机类、自动化技术类各专业机械制图课程的习题集，也可供其他专业师生和工程技术人员参考。

图书在版编目（CIP）数据

机械制图习题集／卢杉编．—2版．—北京：中国电力出版社，2017.5（2023.9重印）
“十三五”职业教育规划教材
ISBN 978-7-5198-0720-7

Ⅰ．①机⋯ Ⅱ．①卢⋯ Ⅲ．①机械制图–高等职业教育–习题集 Ⅳ．①TH126-44

中国版本图书馆CIP数据核字（2017）第096075号

出版发行：中国电力出版社
地　　址：北京市东城区北京站西街19号
邮政编码：100005
网　　址：http://www.cepp.sgcc.com.cn
责任编辑：周巧玲（010-63412539）
责任校对：常燕昆
装帧设计：郝晓燕　赵姗姗
责任印制：吴　迪

印　刷：三河市百盛印装有限公司
版　次：2013年6月第一版　2017年5月第二版
印　次：2023年9月北京第五次印刷
开　本：889毫米×1194毫米　8开本
印　张：10
字　数：206千字
定　价：30.00元

1-1 字体练习

机 工 程 制 图 基 知 识 视 图 校 核 零 件

尺 寸 标 注 形 体 分 析 械 学 图 结 构 班 级

箱 体 为 架 泵 台 学 校 轴 承 漏 油 不 见 装 配 化 快 六 叫 螺

0 1 2 3 4 5 6 7 8 9 R ϕ 1 2 3 4 5 ϕ

机 工 程 制 图 基 知 识 视 图 校 核 零 件

尺 寸 标 注 形 体 分 析 械 学 图 结 构 班 级

箱 体 为 架 泵 台 学 校 轴 承 漏 油 不 见 装 配 化 快 六 叫 螺

0 1 2 3 4 5 6 7 8 9 R ϕ 1 2 3 4 5 ϕ

制图习题	班级	姓名	日期	审阅	1

1-2 线型练习

1-3 尺寸标注

1. 尺寸标注改错：将改正后的尺寸标注在右边的图上。

2. 按下图所示尺寸及图形在指定位置绘制图形，并标注尺寸。

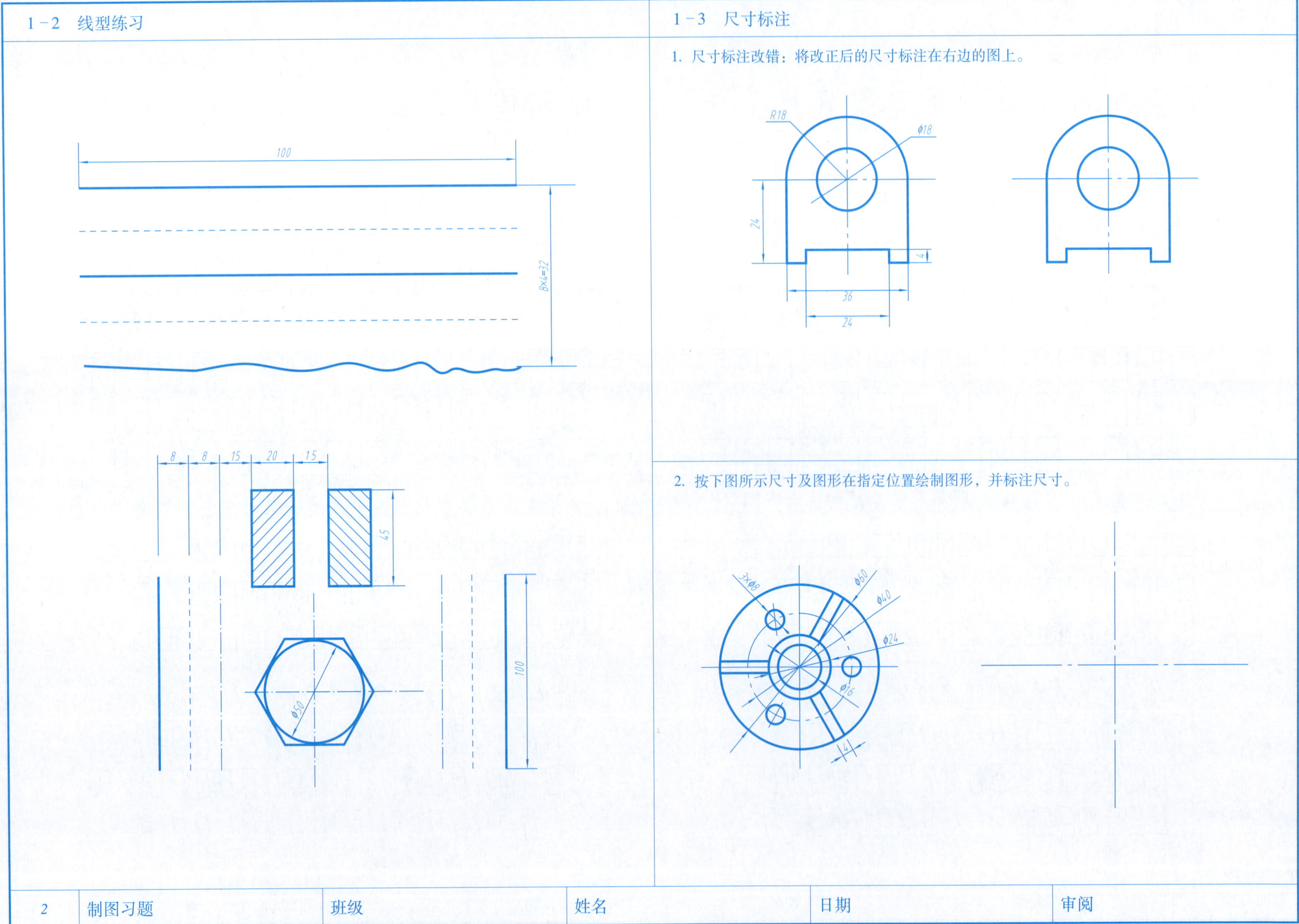

班级	姓名	日期	审阅

1-4 平面图形作业（一）

一、作业目的

（1）掌握圆弧连接的作图方法，学习对平面图形的尺寸分析，熟悉国家标准中尺寸注法的有关规定。

（2）练习画平面图形的方法和步骤。

（3）贯彻国家标准中规定的尺寸注法。

二、要求

（1）在图纸上按比例1：1抄画下列平面图形。

（2）图形准确，作图方法正确。

（3）尺寸箭头符合要求，数字注写正确。

（4）布图匀称，图面整洁，字体工整（长仿宋体字）。

三、方法和步骤

（1）分析图形尺寸，确定画图顺序。

（2）布图，画作图基准线，画底稿。

（3）检查无误后，加深线型。

（4）抄注全部尺寸。

（5）填写标题栏内容。

1.

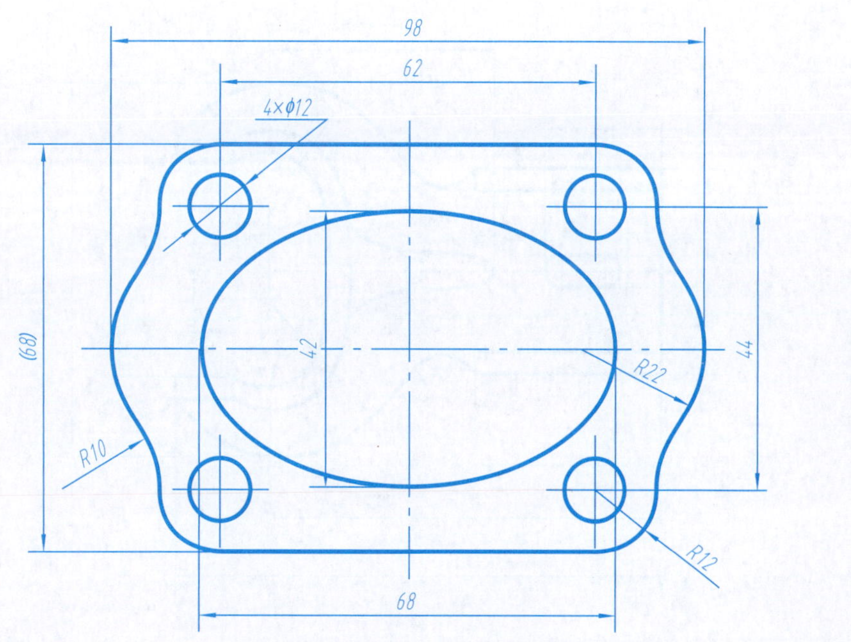

2.

ϕ23
2×45°
38
R3
ϕ30
R40
R60
90
R4
R23
ϕ40
R40
9
15
R48

1-4 平面图形作业（二）

3.
φ44
R33
R22
44
R44
φ15
R14
R22
R22
132
4.
90
φ42
φ80
φ28
R98
2×φ20
45
R26
φ40
R5
R20
5.
112
φ64
R77
φ36
R84
50
R14
φ50
R14
φ28
14
6.
82
15
30
9
6
R20
R15
R90
12
20
45
76
74
133
20
R5
10
R15
R58
R45
R2
72
148
182

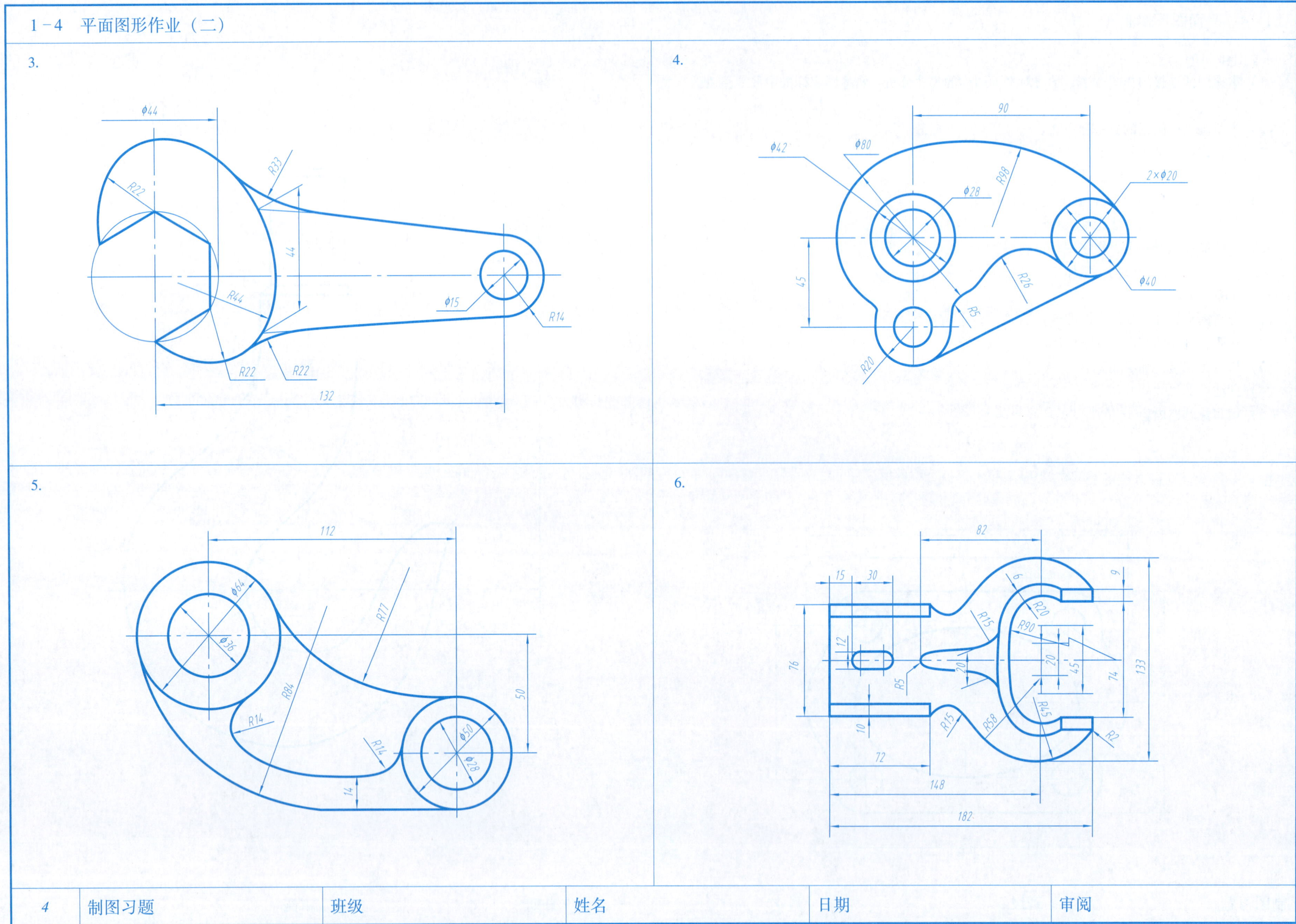

2－1 分析下列三视图，找出其对应的轴测图，并在轴测图的圆圈内填上对应三视图的编号

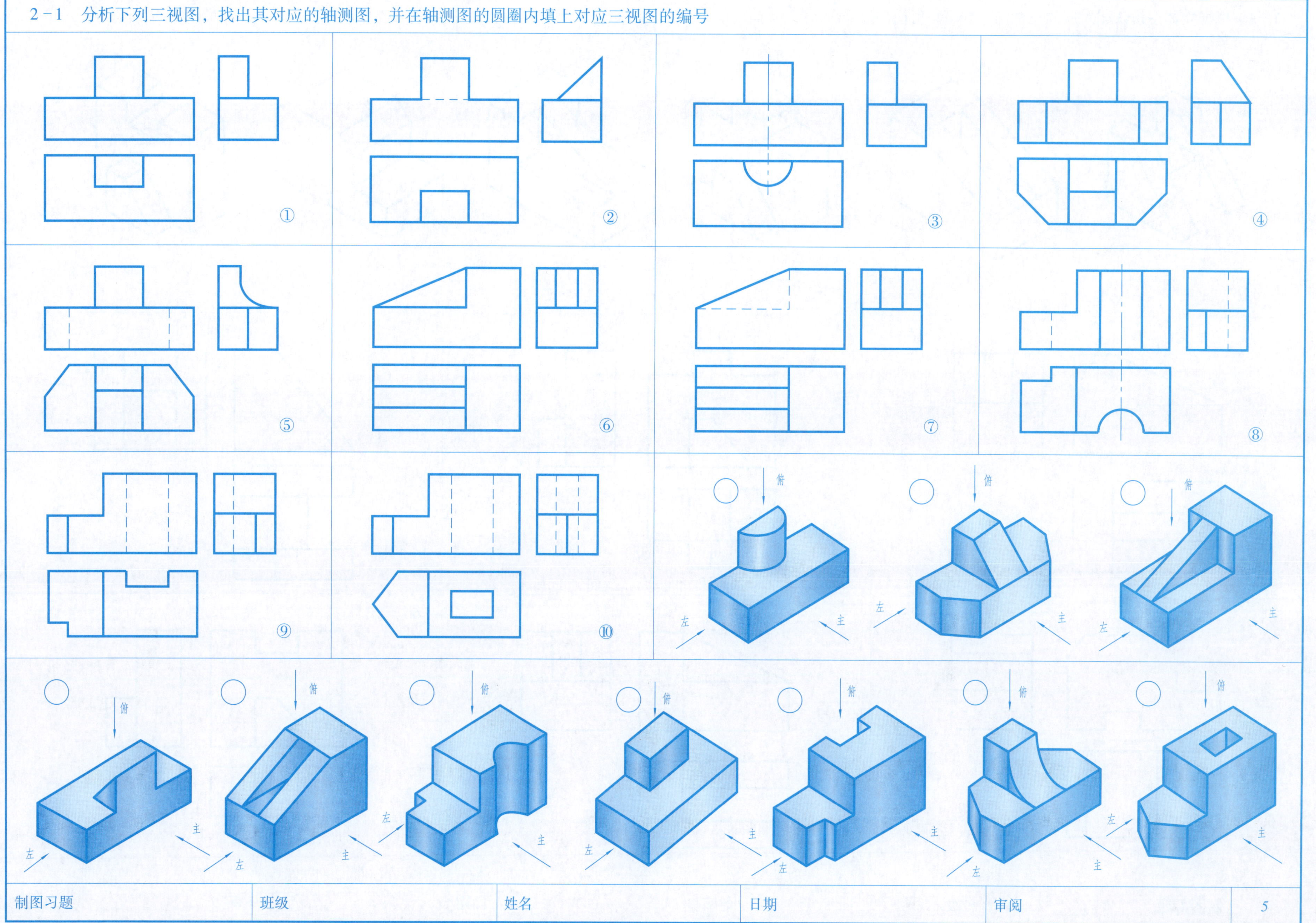

2-2 根据立体图辨认相对应的三视图，并填写对应的序号

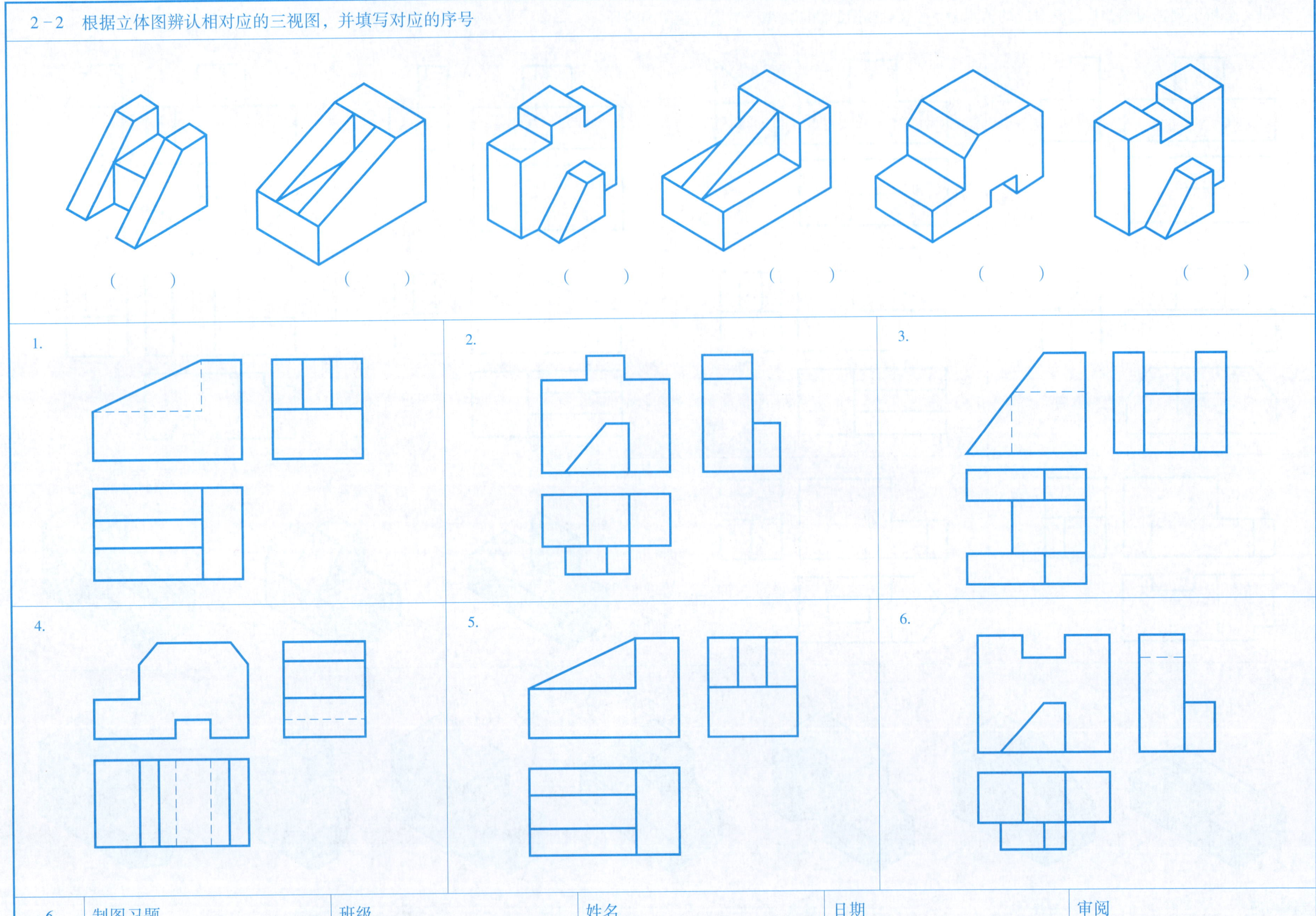

2-3 根据立体图补画所缺视图

1. 已知两视图和立体图，补画第三视图。

(1)

(2)

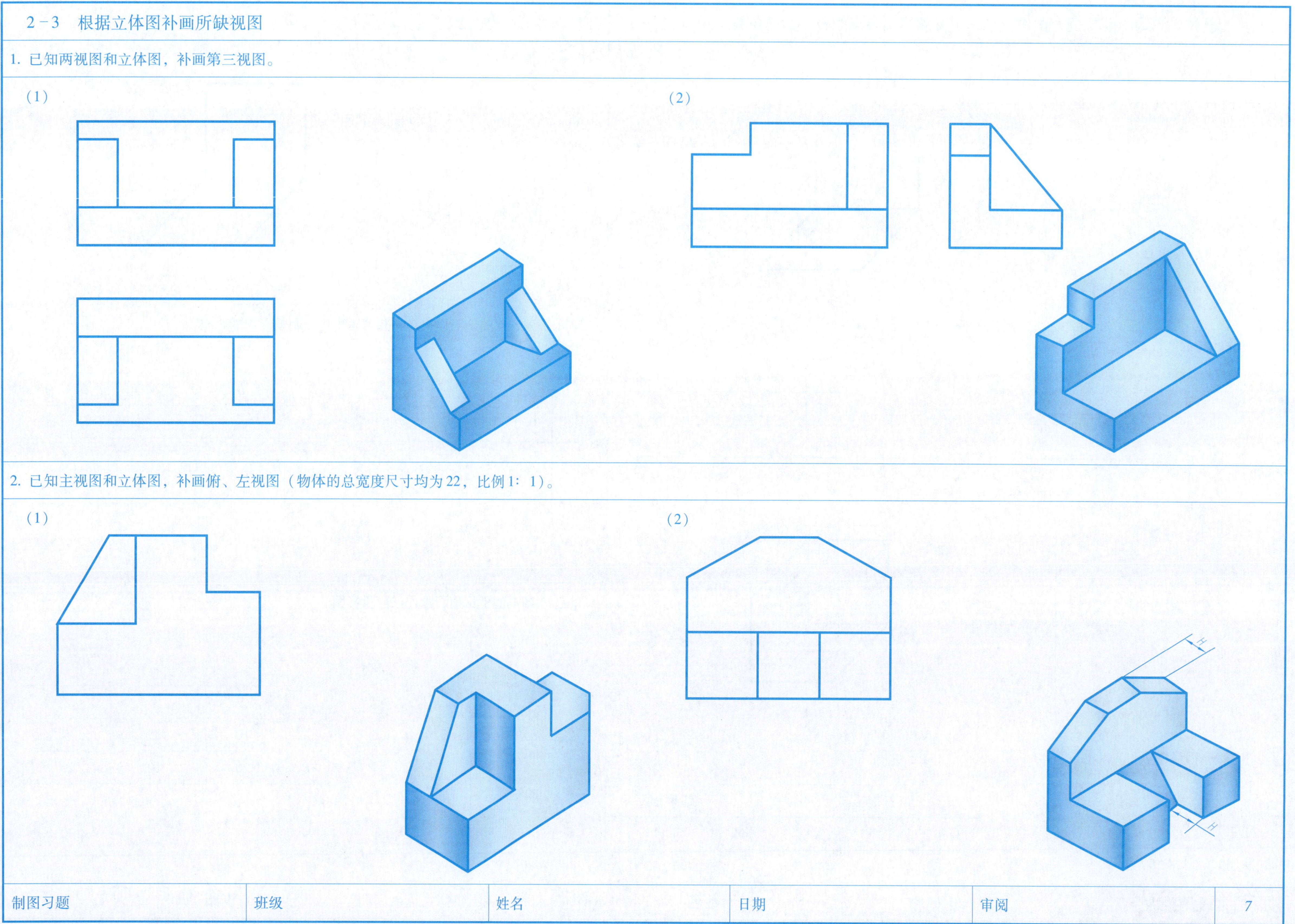

2. 已知主视图和立体图，补画俯、左视图（物体的总宽度尺寸均为22，比例1：1）。

(1)

(2)

3－1　已知各点的空间位置，试作投影图，并填写出各点距投影面的位置（单位：mm）

1.

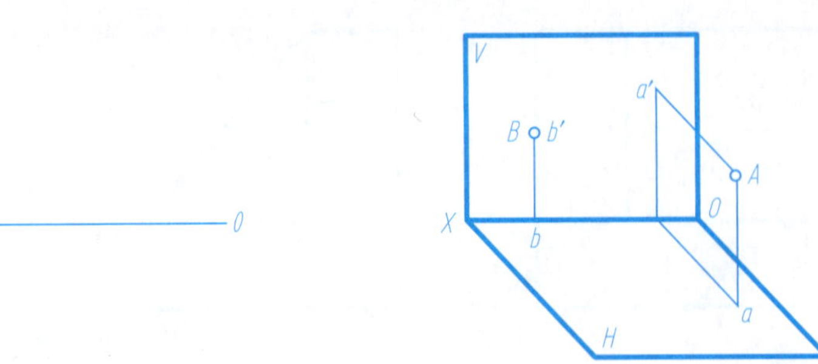

	距 *H* 面	距 *V* 面
A		
B		

2.

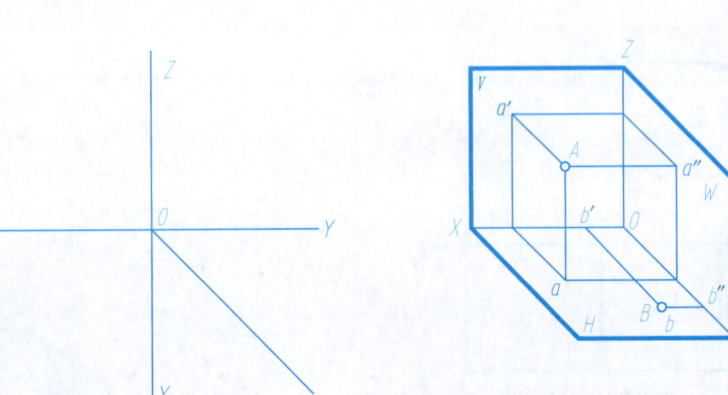

	距 *H* 面	距 *V* 面	距 *W* 面
A			
B			

3－2　求点的投影

1. 画出各点的空间位置。

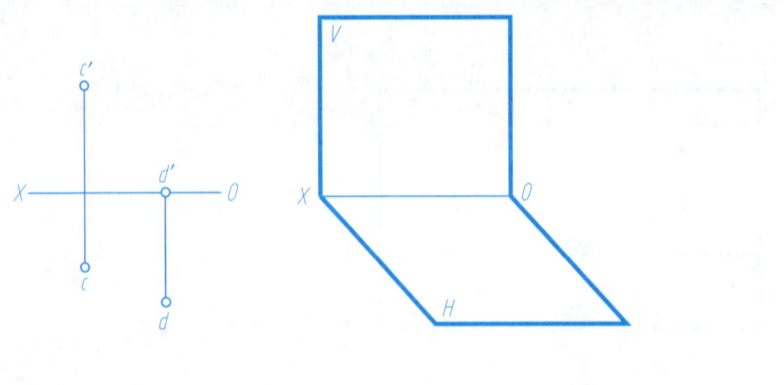

2. 求下列各点的第三面投影，并填写出各点距投影面的距离。

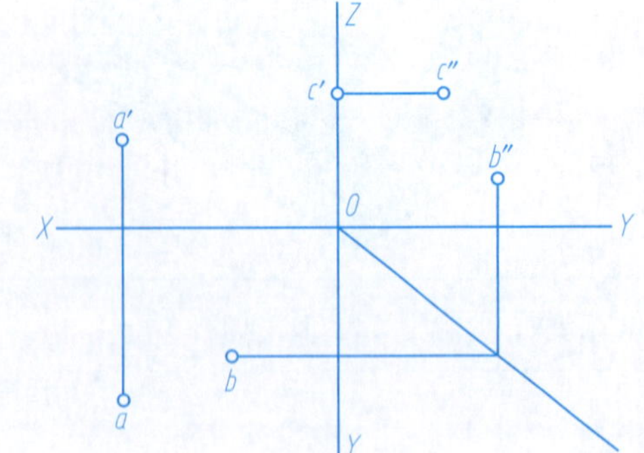

	距 *H* 面	距 *V* 面	距 *W* 面
A			
B			
C			

3. 已知各点的坐标值，求作三面投影图。

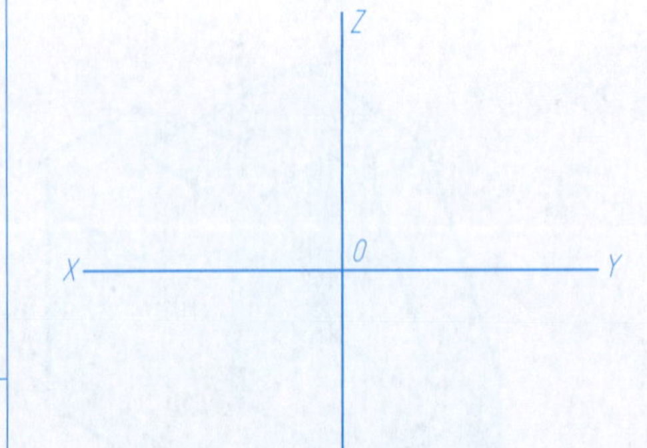

	X	*Y*	*Z*
A	10	15	5
B	20	10	20

　班级　姓名　日期　审阅

3-3 按要求画出 A、B、C、D、E 各点的三投影，并用直线将各点的同名投影连接起来

(1) 点 B 在点 A 的正右方 10mm，A、B 两点是 W 面上重影点，判断可见性。

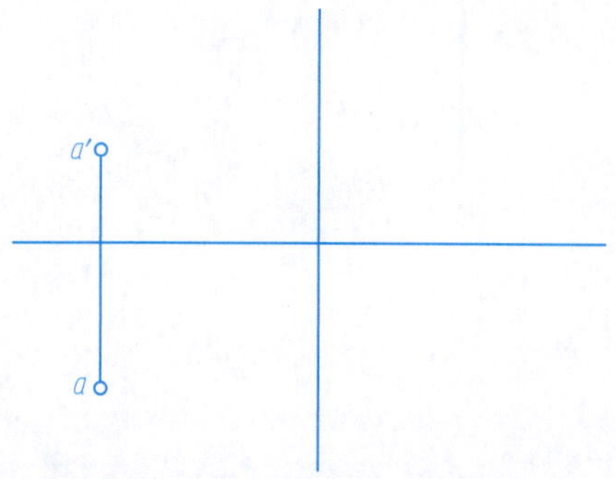

(2) 点 C 在点 A 的正下方 10mm，A、C 两点是 H 面上重影点，判断可见性。

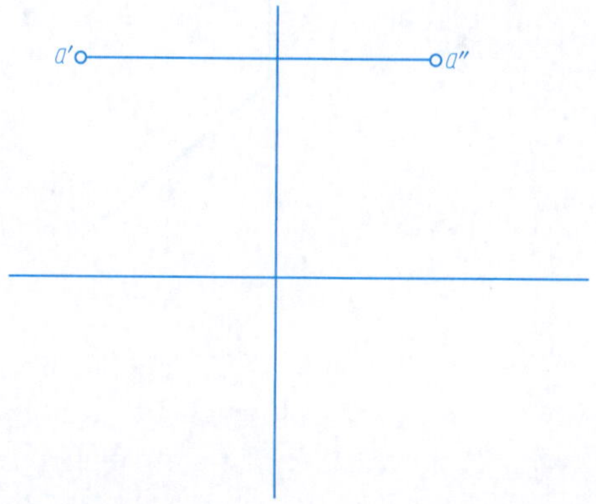

(3) 点 D 在点 A 的正后方 10mm，A、D 两点是 V 面上重影点，判断可见性。

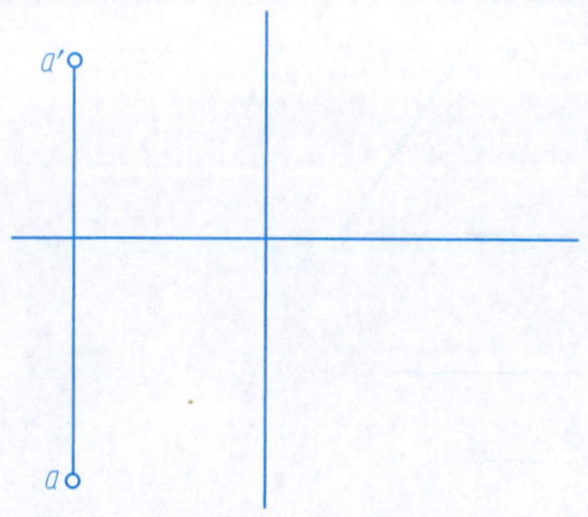

(4) 点 E 在点 A 的正前方 10mm，A、E 两点是 V 面上重影点，判断可见性。

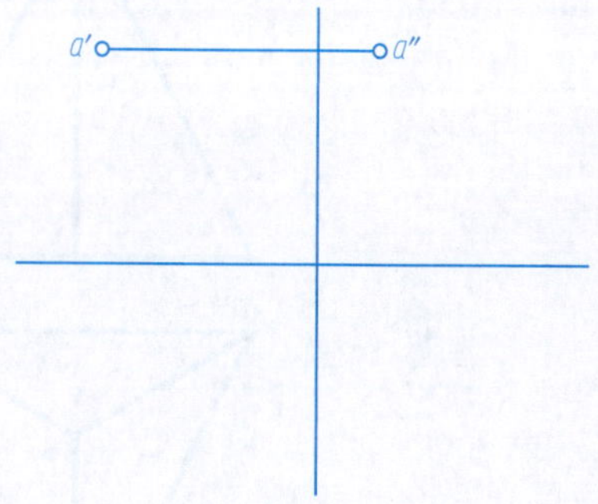

3-4 已知点 A 的坐标为（40，15，0），按要求画出点 A、B 和点 C 的三投影

要求：点 B 在点 A 右面 20mm，在点 A 前面 15mm，在点 A 上面 20mm；
点 C 在点 A 左面 10mm，在点 A 后面 5mm，在点 A 上面 15mm。

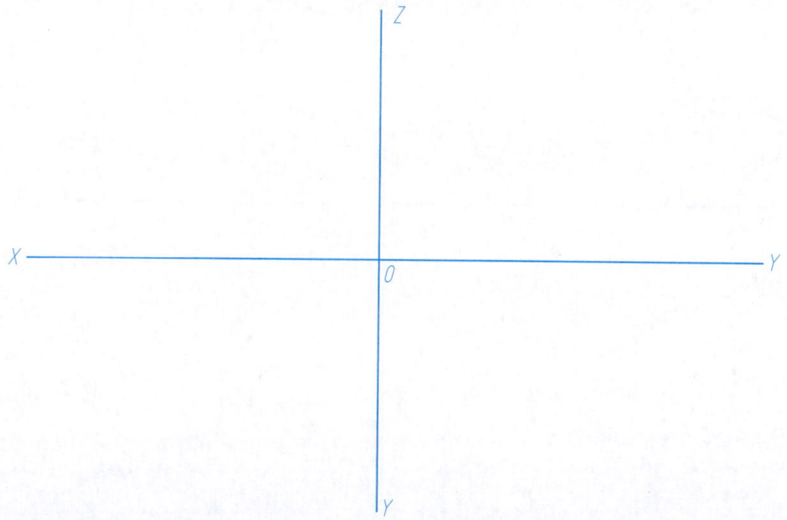

3-5 已知点 A 和点 C 的三投影，使 A、B 两点对称于点 C，求作点 B 的三投影

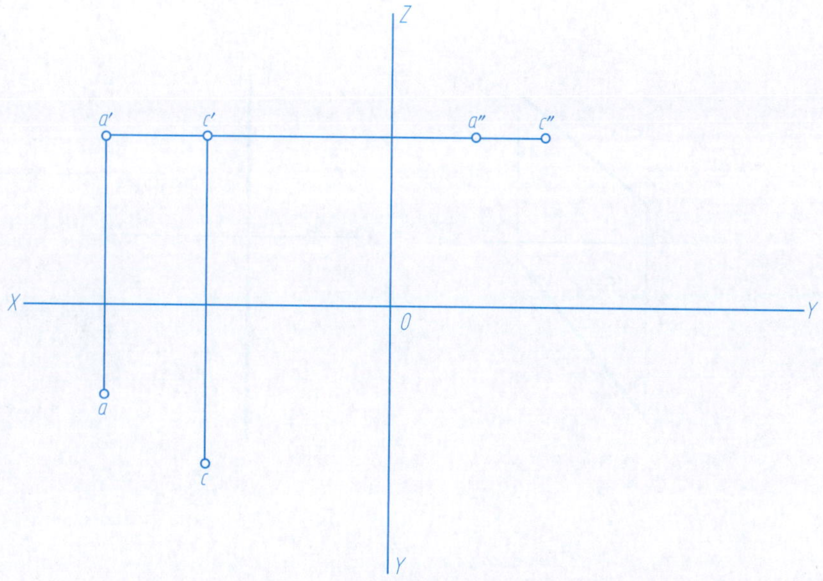

3-6 直线投影练习

1. 已知直线上两端点 A（30，25，6）、B（6，5，25），作出该直线的三面投影图。

2. 已知直线 AB 上一点 C 距 H 面 15mm，求点 C 的 V、H 面投影。

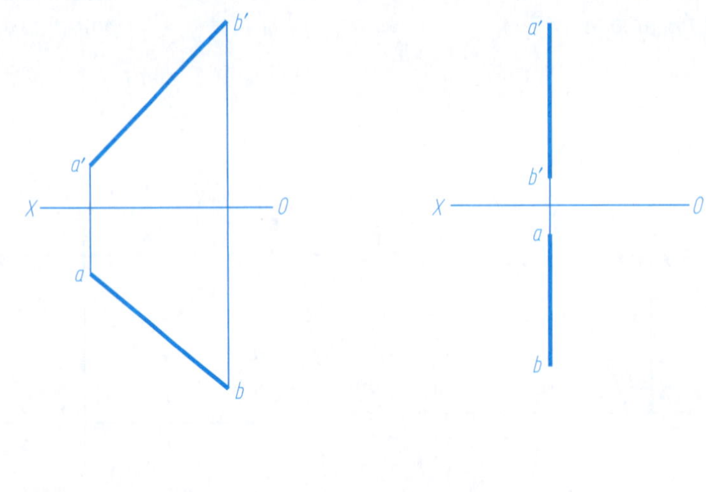

3. 在直线 AB 上有一点 C，且 AC：CB＝1：2，作出点 C 的两面投影。

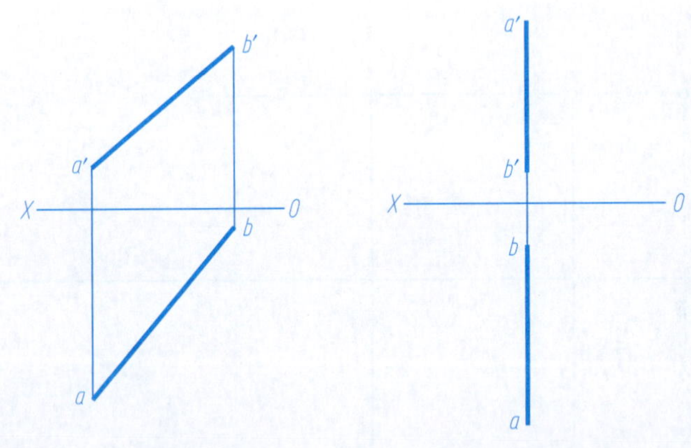

3-7 判定直线的空间位置

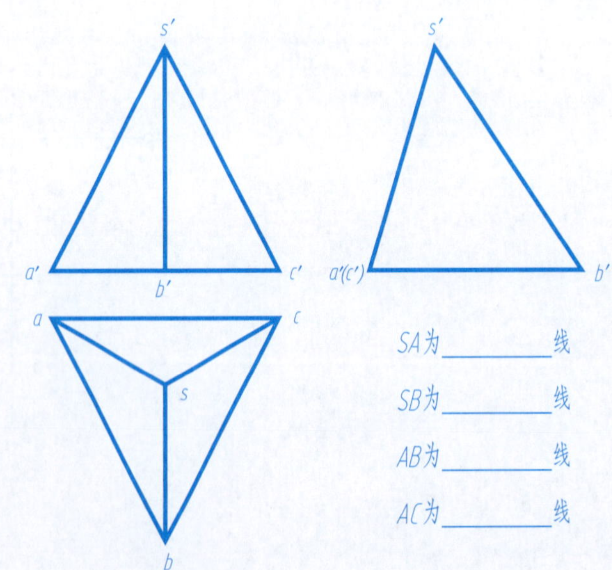

SA为________线

SB为________线

AB为________线

AC为________线

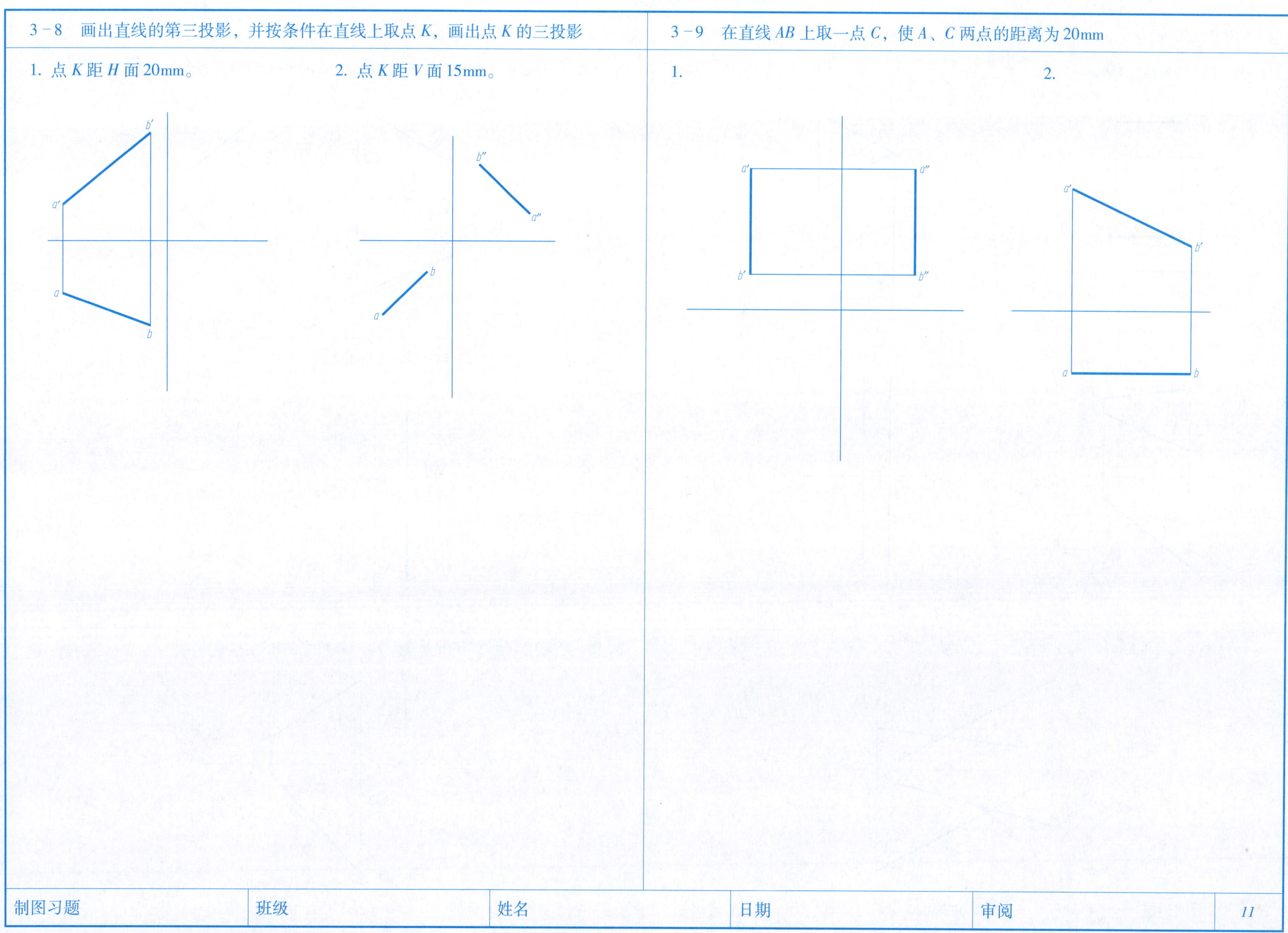
3－8　画出直线的第三投影，并按条件在直线上取点 K，画出点 K 的三投影
1. 点 K 距 H 面 20mm。
2. 点 K 距 V 面 15mm。
b′
a′
a
b
b″
a″
b
a
3－9　在直线 AB 上取一点 C，使 A、C 两点的距离为 20mm
1.
2.
a′
a″
b′
b″
a′
b′
a
b
制图习题
班级
姓名
日期
审阅
11

3－10　投影练习

1. 判断两直线的相对位置。

(1)

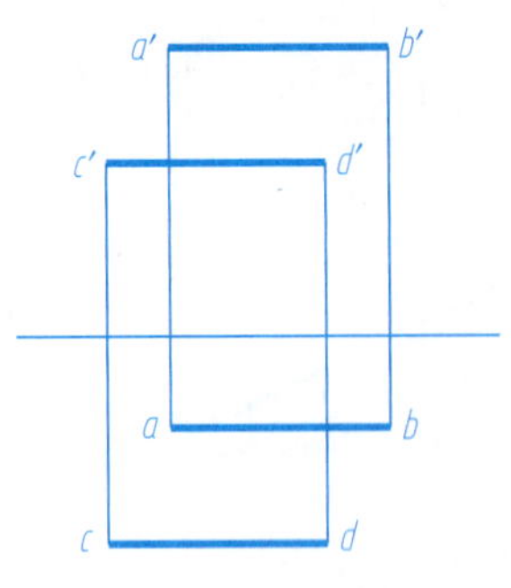

(2)

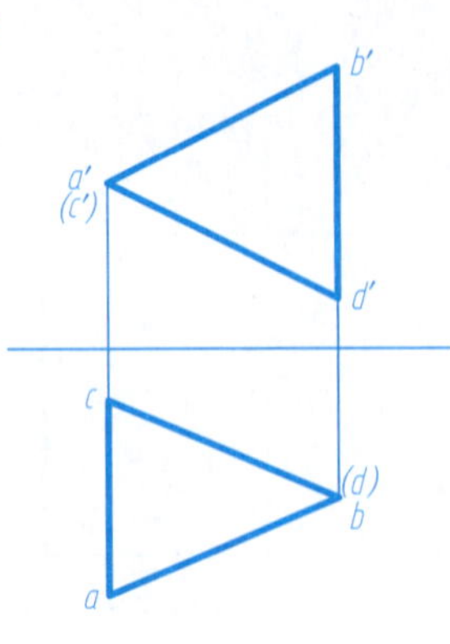

(3)

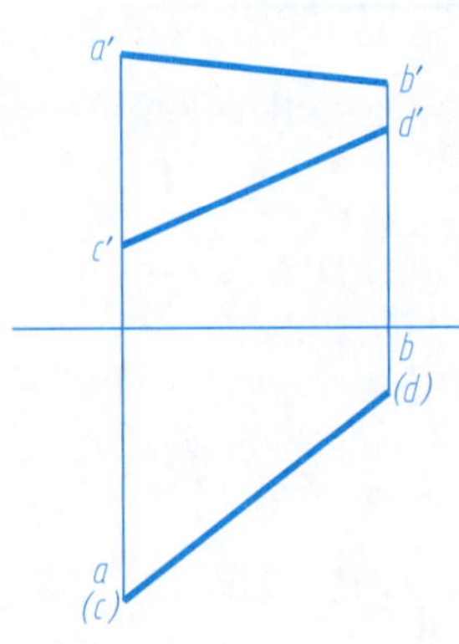

(4)

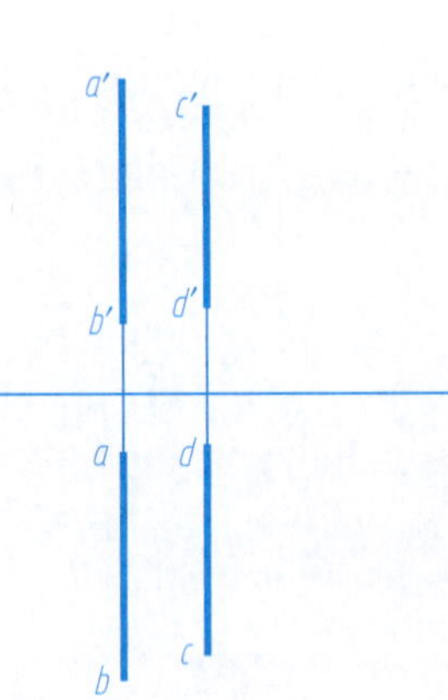

2. 判别交叉两直线的重影点及可见性。

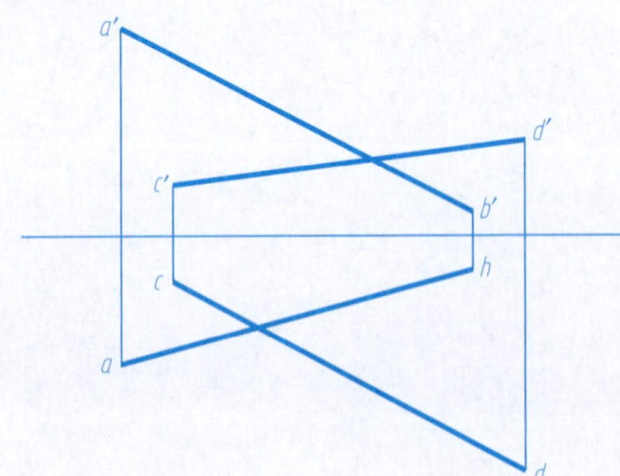

3. 已知 e'，试过点 E 作一直线 EF，令 EF 既与 AB 平行又与 CD 相交。

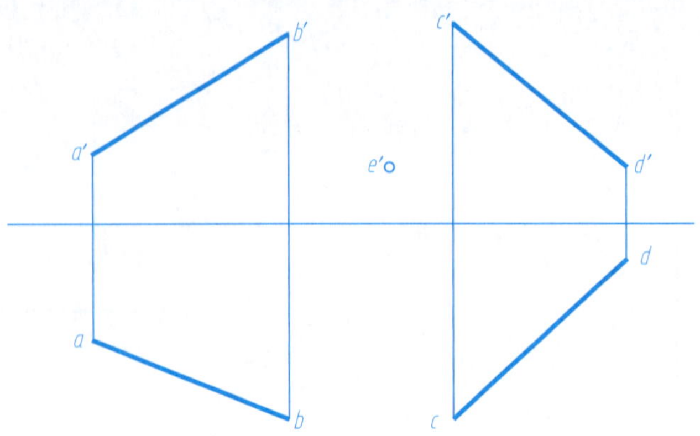

4. 过点 K 作一直线，使之与直线 AB 垂直相交。

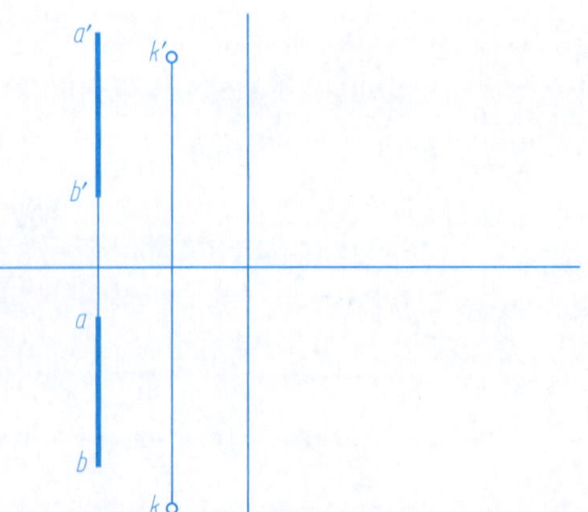

5. 作一直线 MN，使之与两已知直线 AB、CD 均垂直相交。

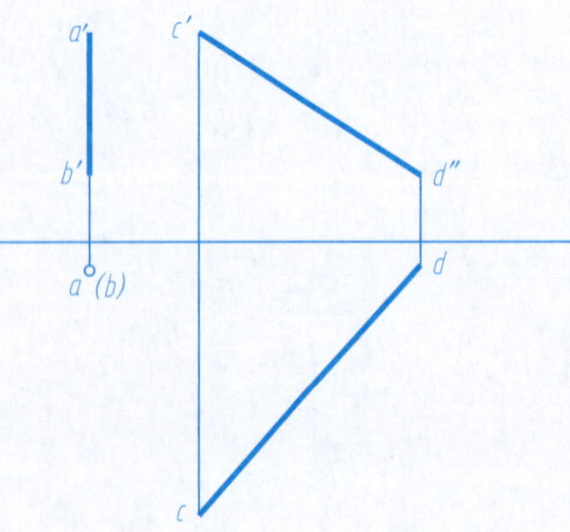

班级	姓名	日期	审阅

3－11　平面的投影（一）

1. 完成下列平面的第三投影，作出平面内点 K 的其他投影，并判别各平面对投影面的相对位置。

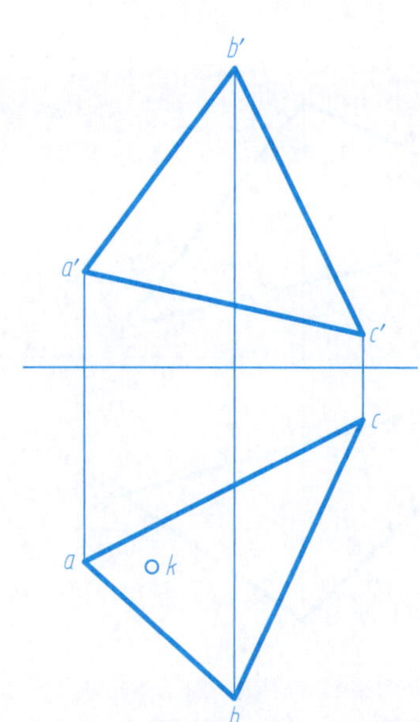

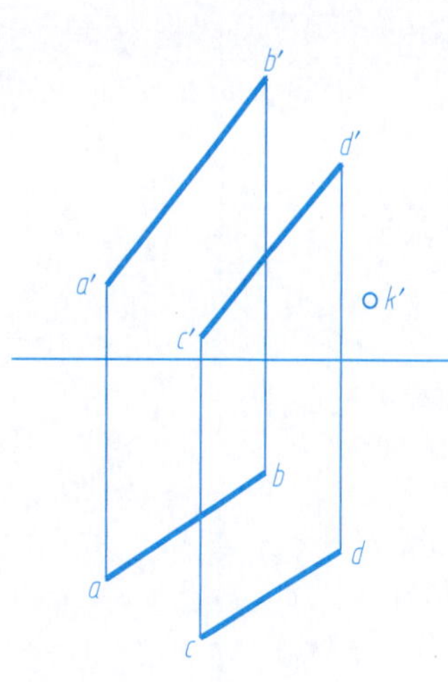

2. 判别点 K 是否在平面内。

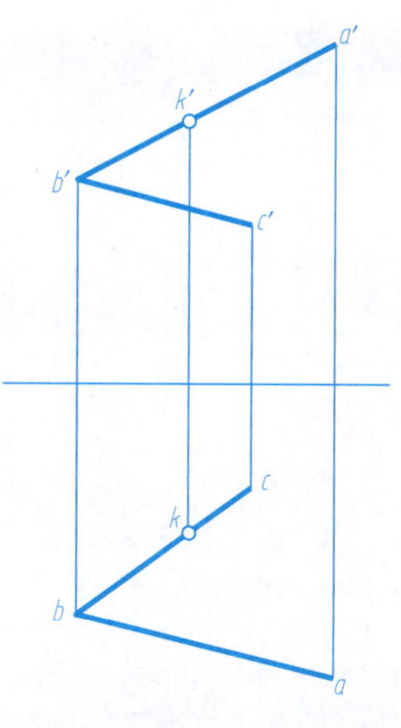

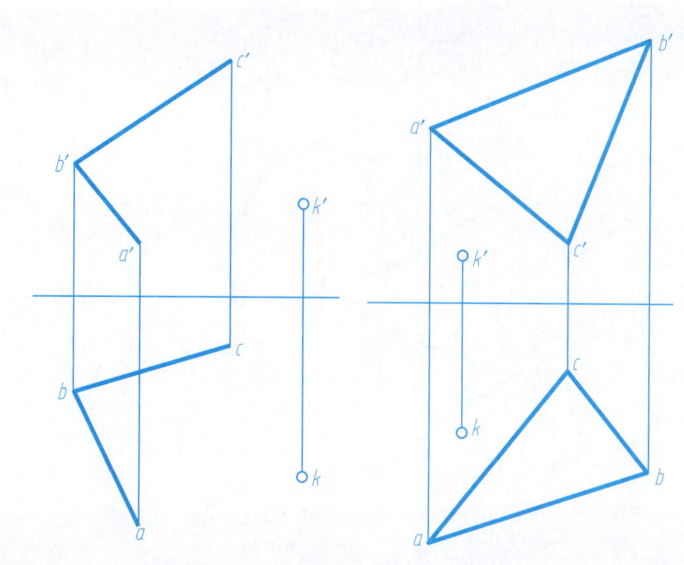

3. 已知平面内点 K 的一个投影，求另一投影。

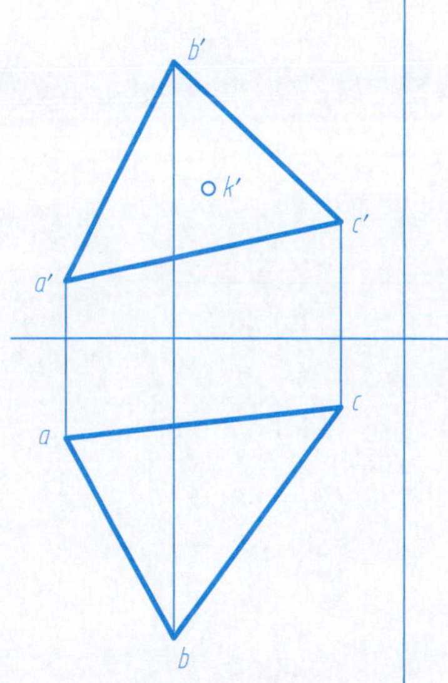

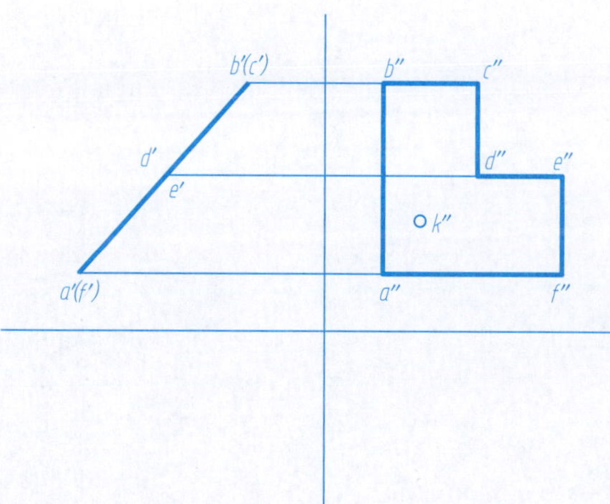

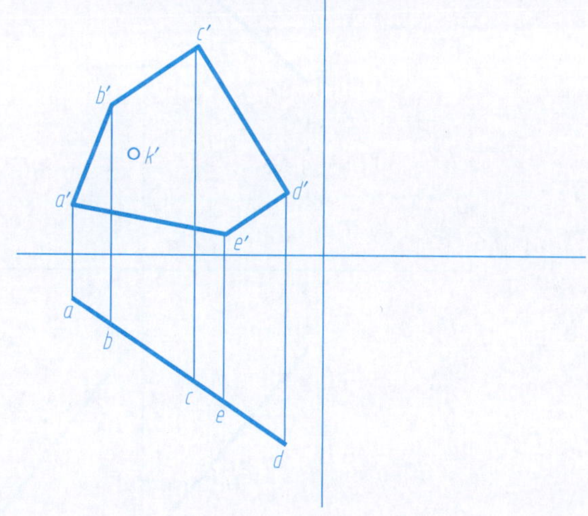

3-11　平面的投影（二）

4. 完成五边形的水平投影。

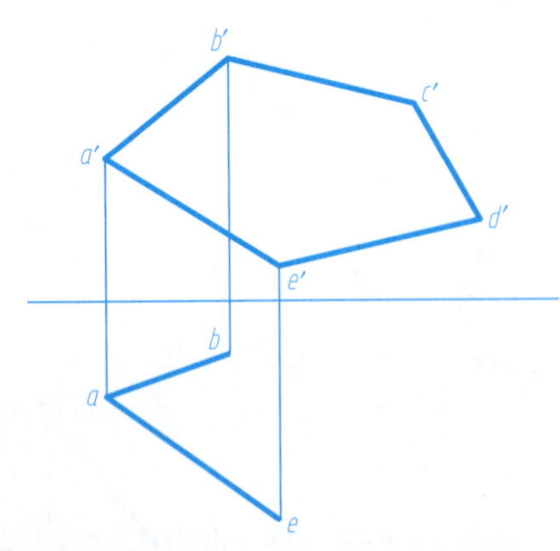

5. 判别点 *A*、*B*、*C*、*D* 是否在同一平面内。

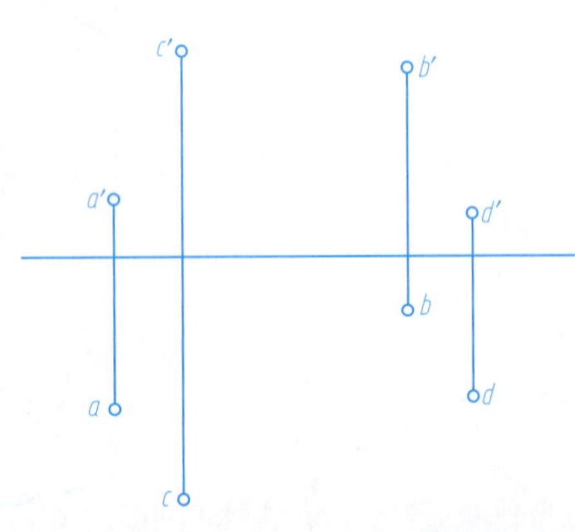

6. 在△*ABC* 内过点 *A* 作一条水平线，过点 *C* 作一条正平线。

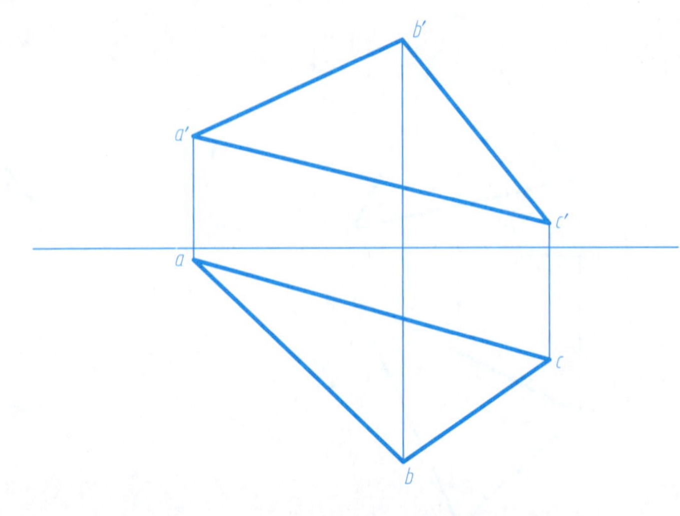

7. 已知直线 *AB*、*CD* 和点 *K* 均在同一平面内，且 *AB*∥*CD*，求作 *c'd'*。

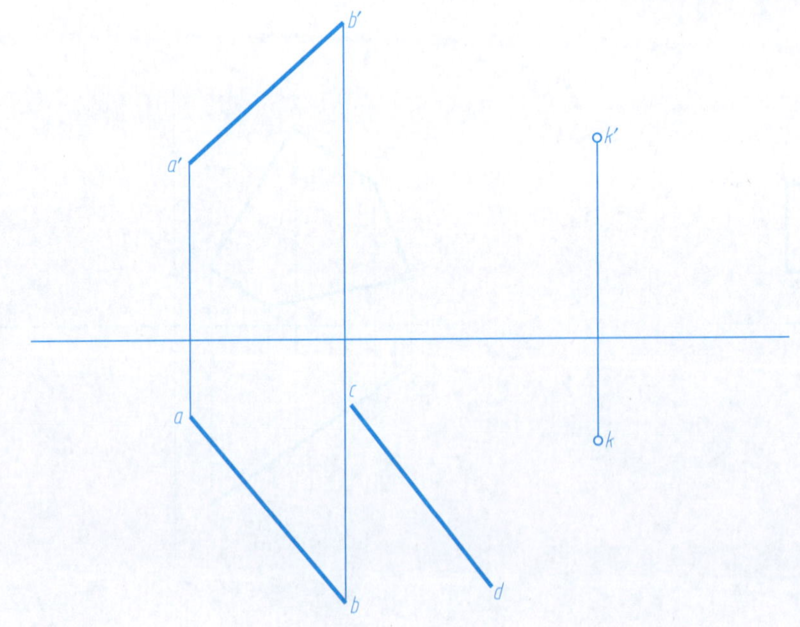

8. 已知五边形 *ABCDE* 的正面投影，求其水平投影。

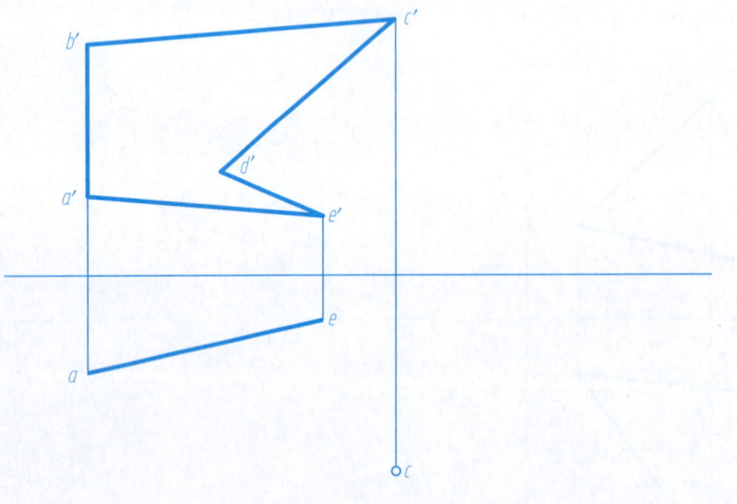

4－1 求补画第三视图并标出表面上各点的三投影，不可见的点加括号（一）

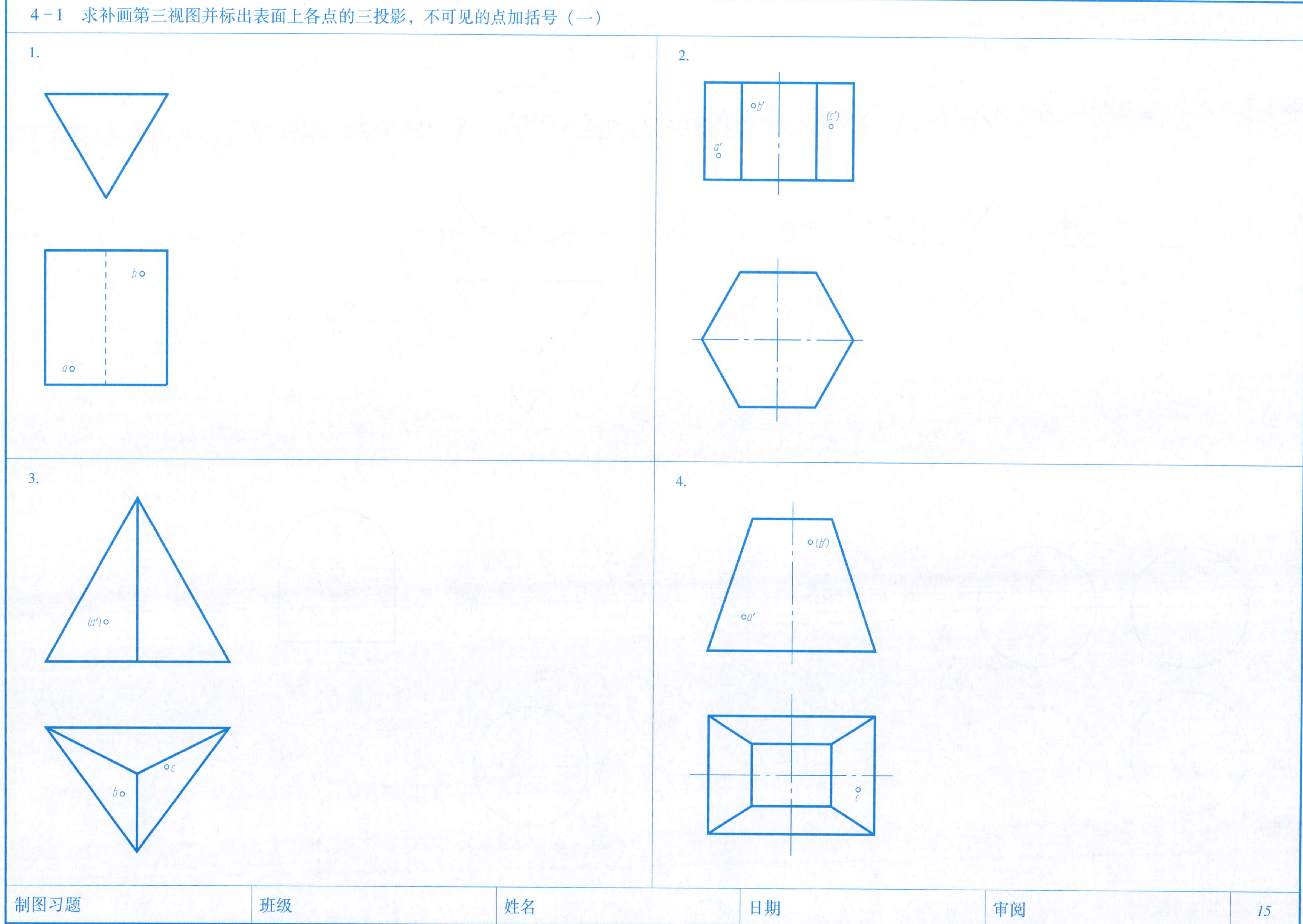

4-1 求补画第三视图并标出表面上各点的三投影，不可见的点加括号（二）

5.

6.

7.

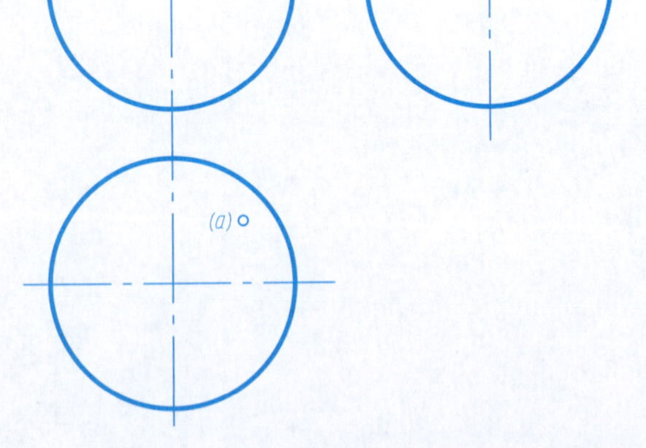

8.

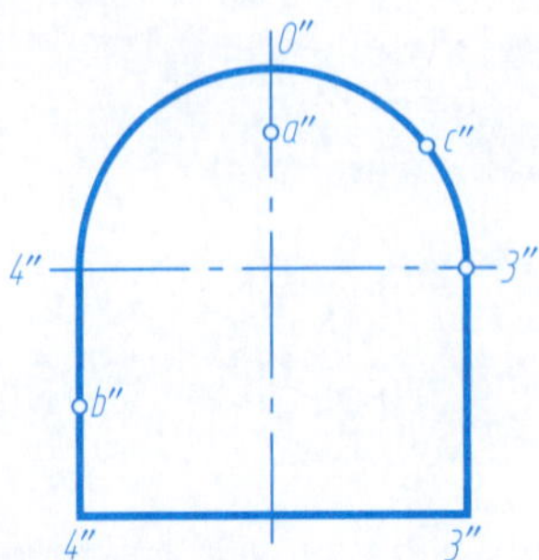

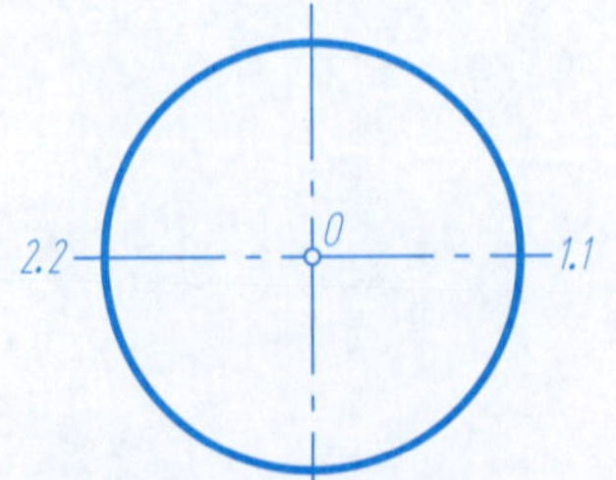

 班级 姓名 日期 审阅

4-2 完成截切后三视图投影

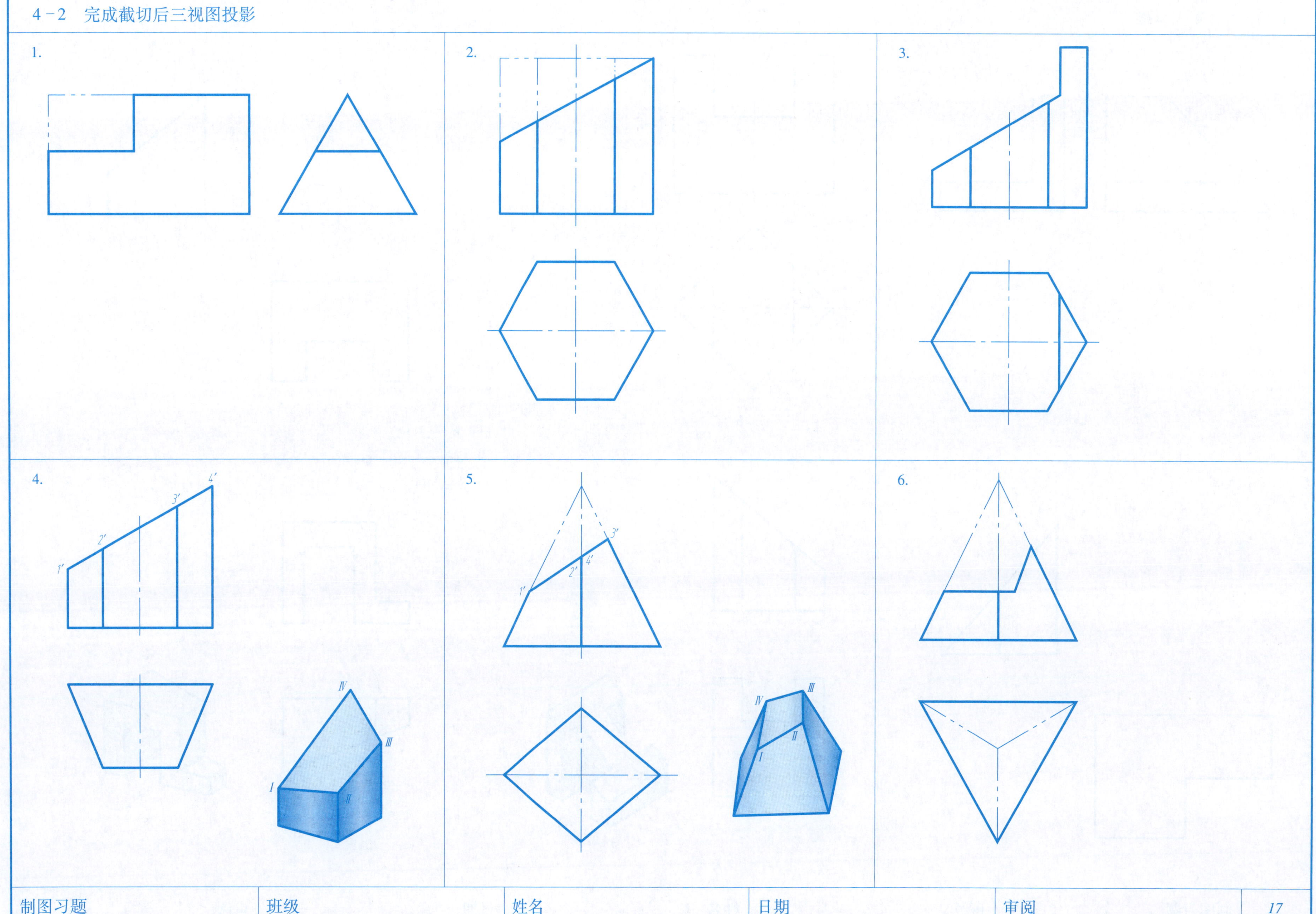

4-3 补画第三视图

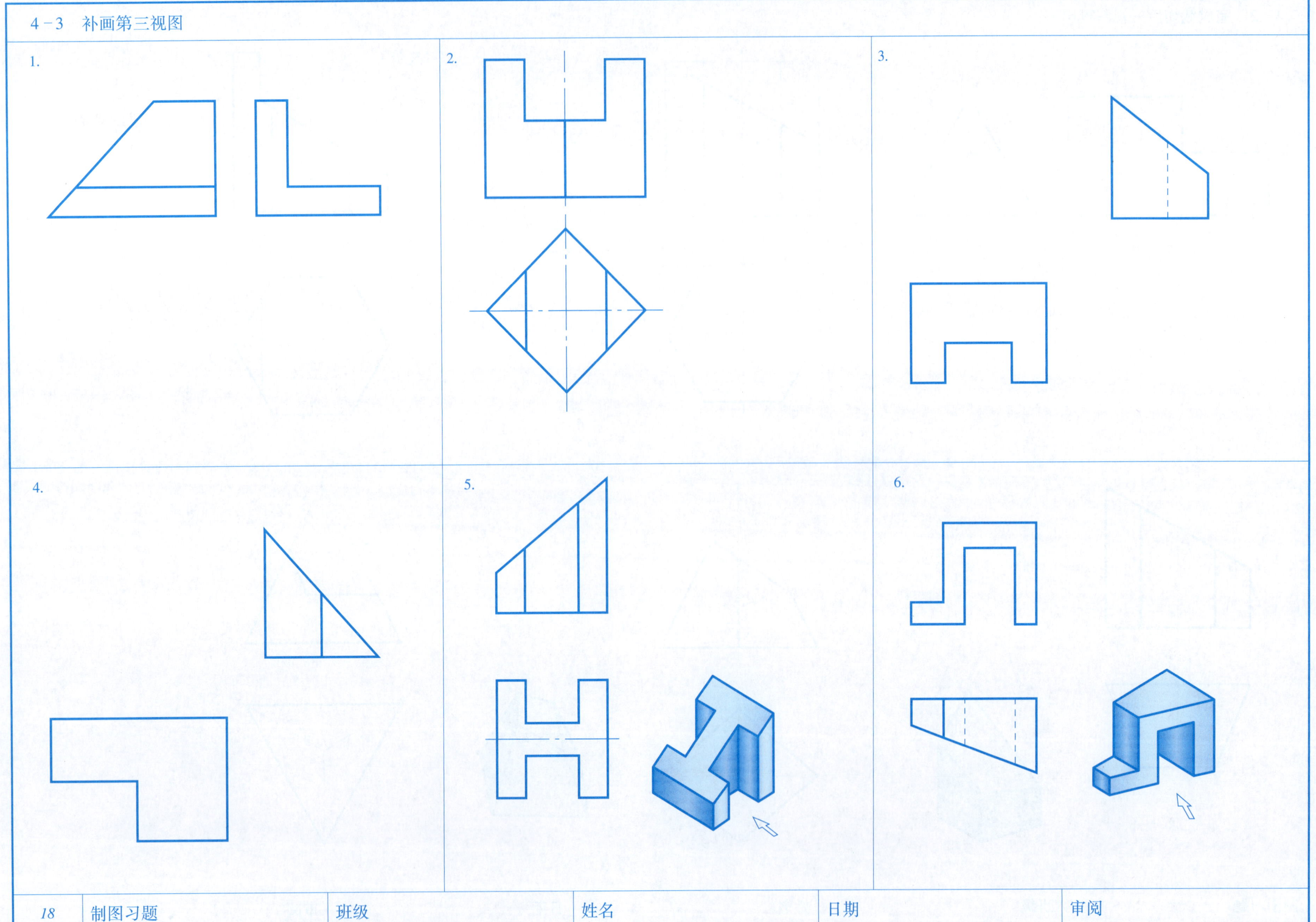

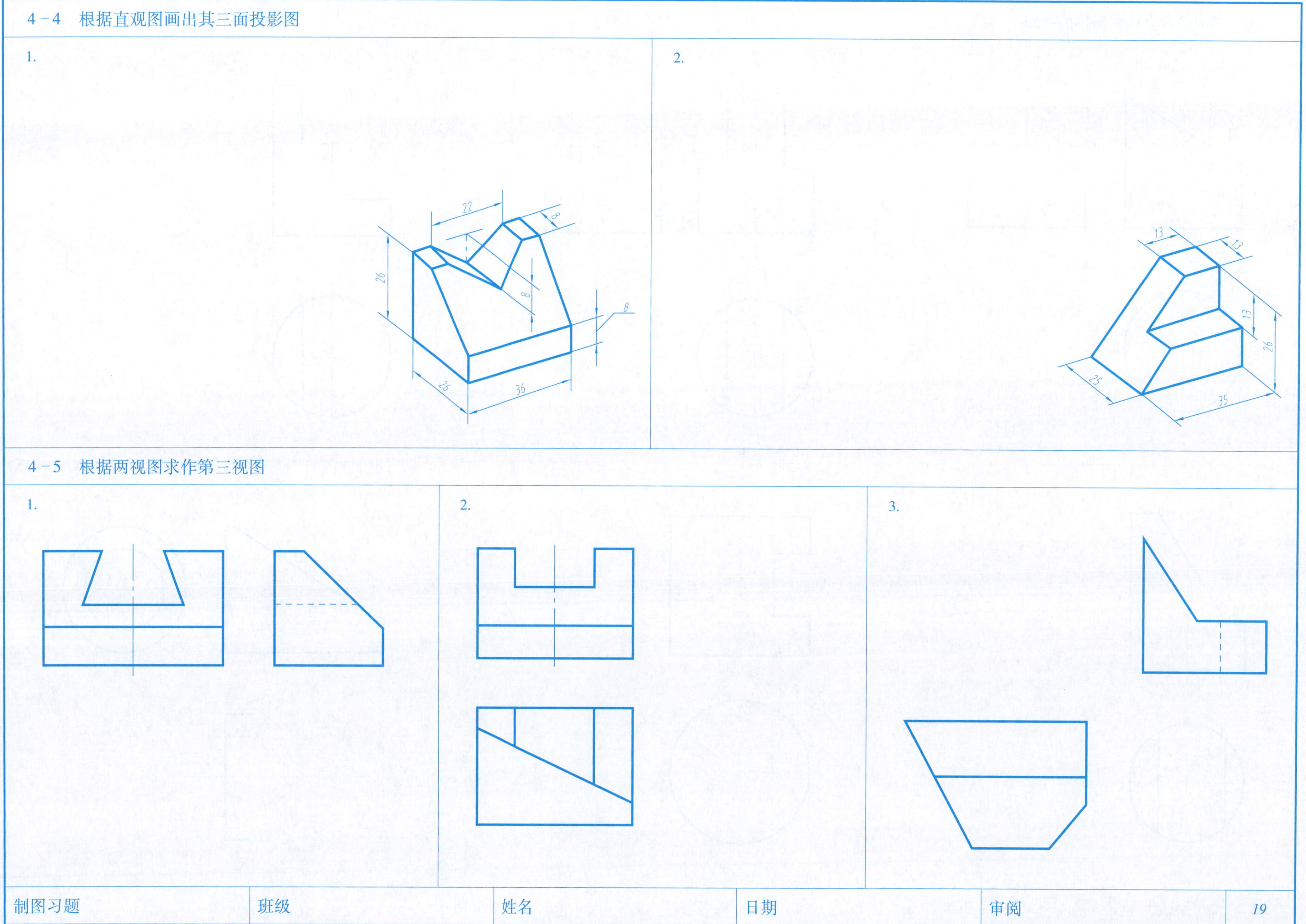
4－4 根据直观图画出其三面投影图
1.
22
8
26
8
8
26
36
2.
13
13
13
26
25
35
4－5 根据两视图求作第三视图
1.
2.
3.
制图习题
班级
姓名
日期
审阅

4－6 完成曲面立体截断体的投影

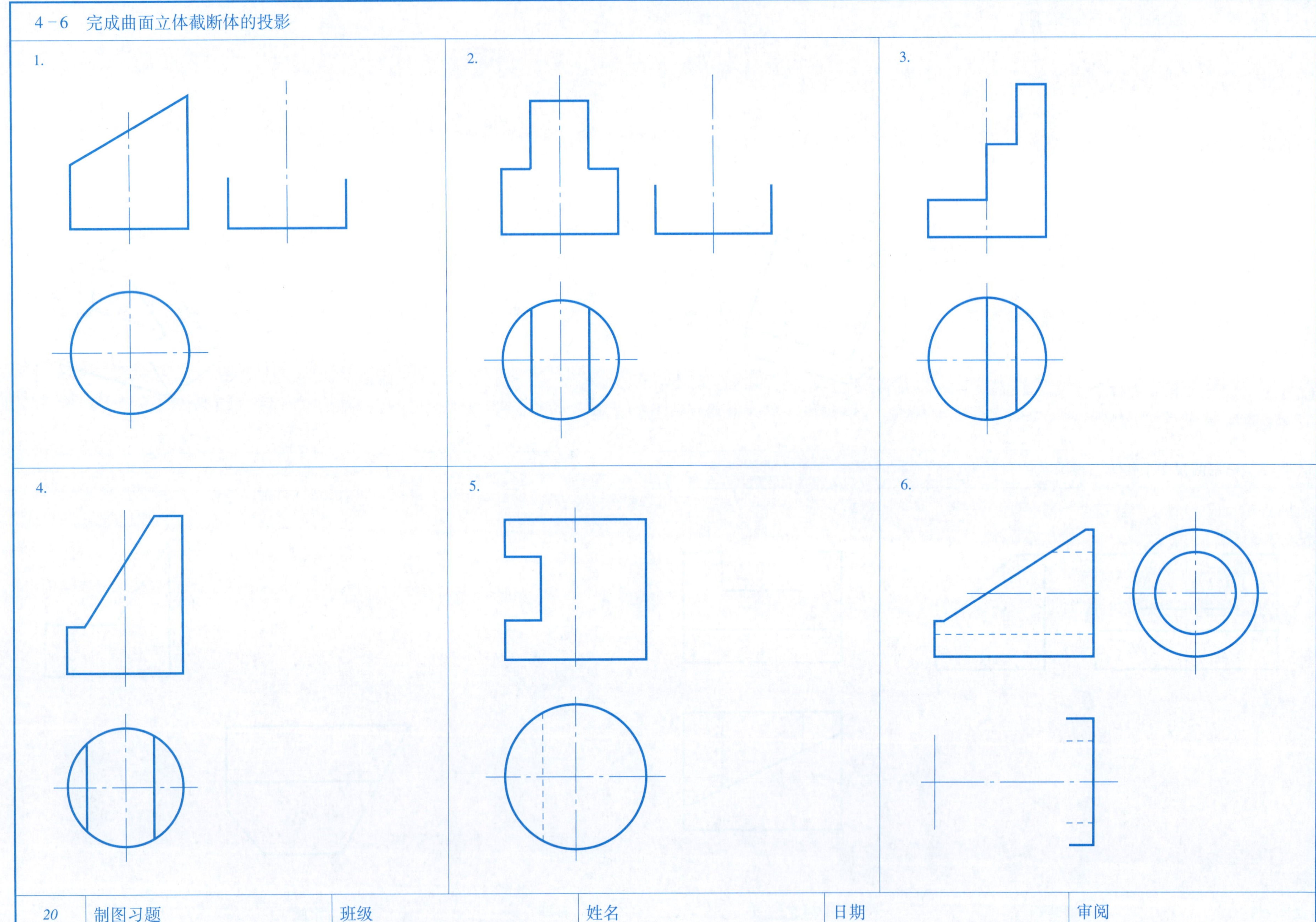

班级	姓名	日期	审阅

4－7 补画第三视图

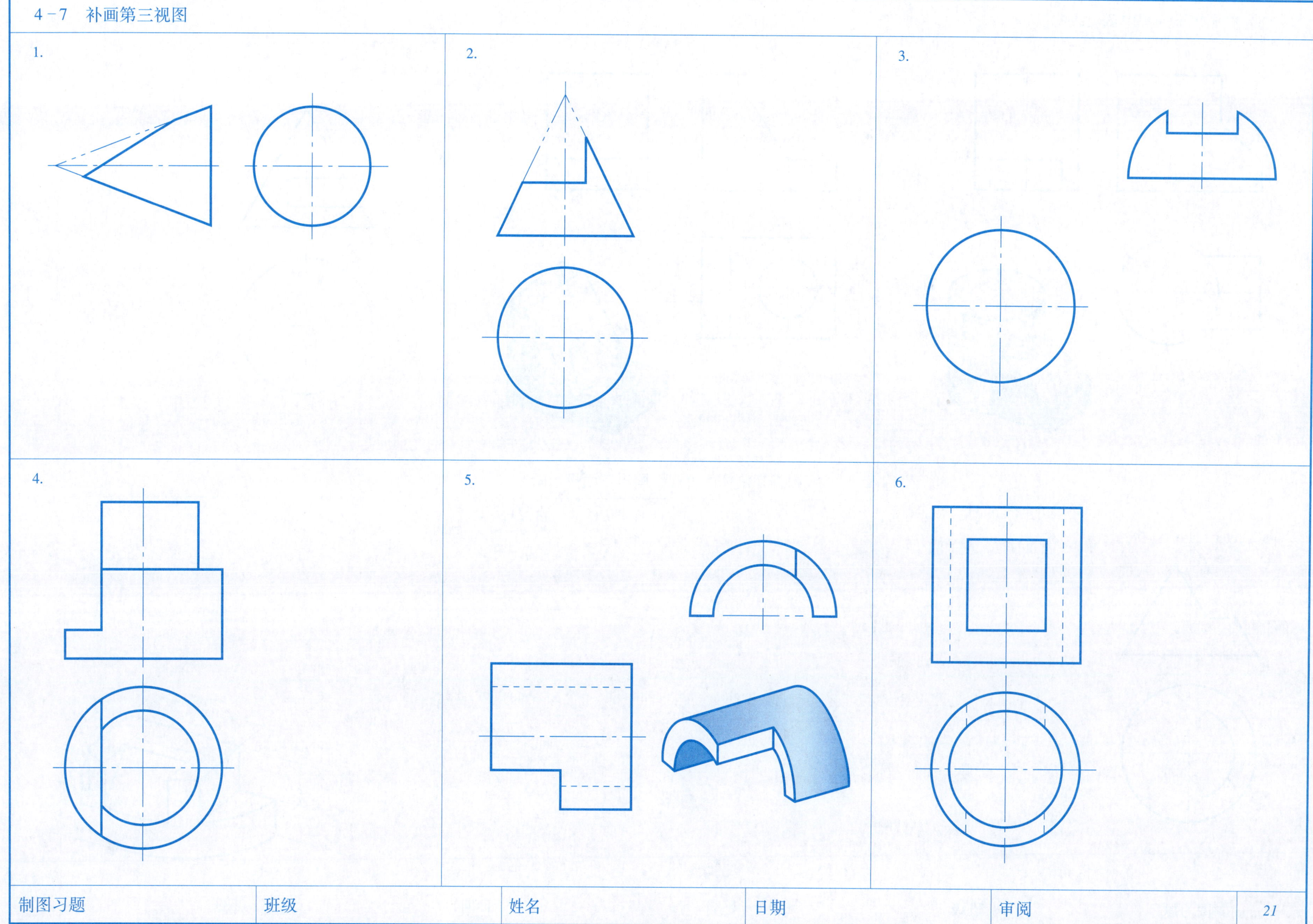

4－8 补画出下列图中截交线的投影

1.

2.

3.

4.

4－9 根据切割体的直观图画出三面投影图

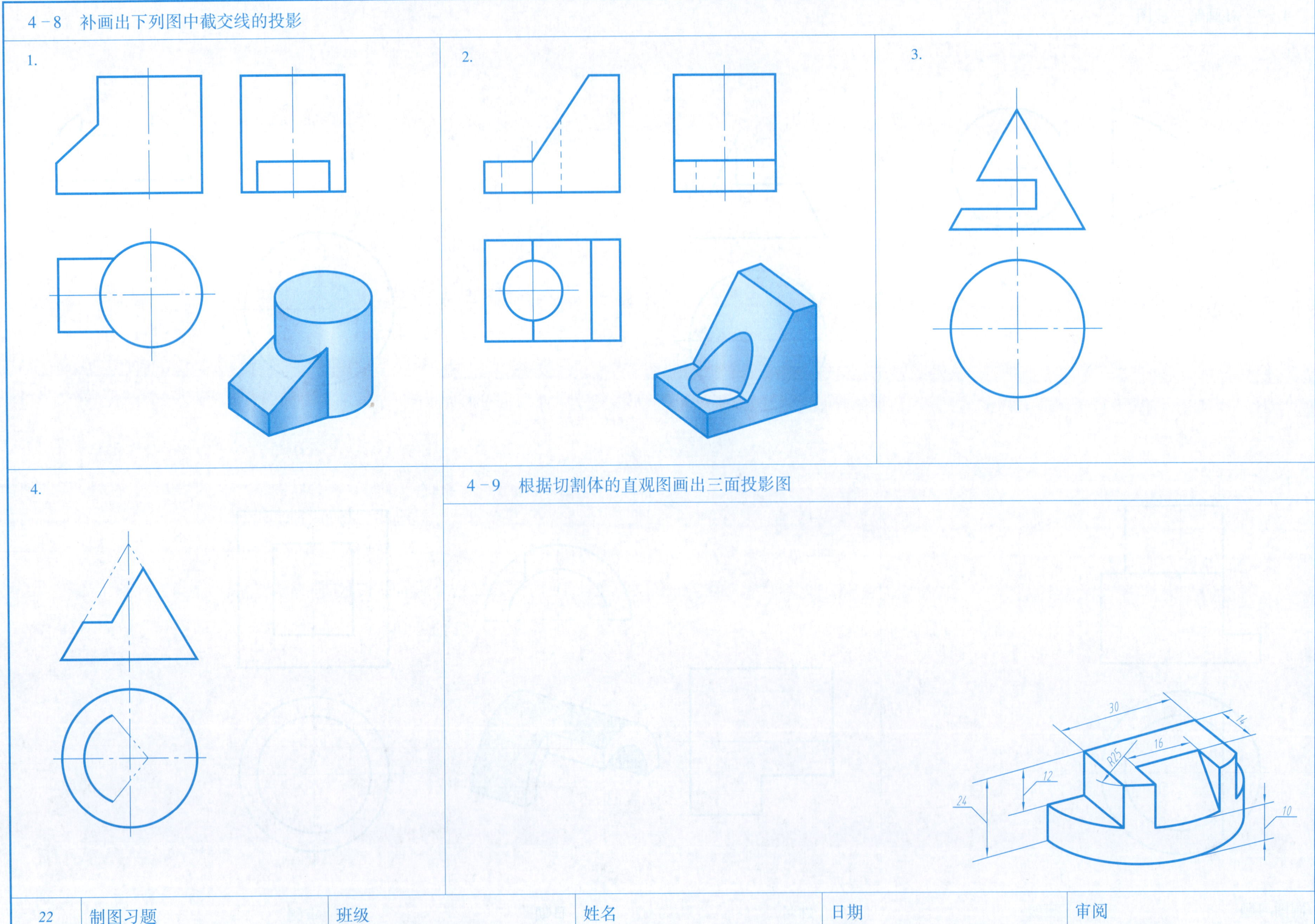

4－10 补画投影及相贯线

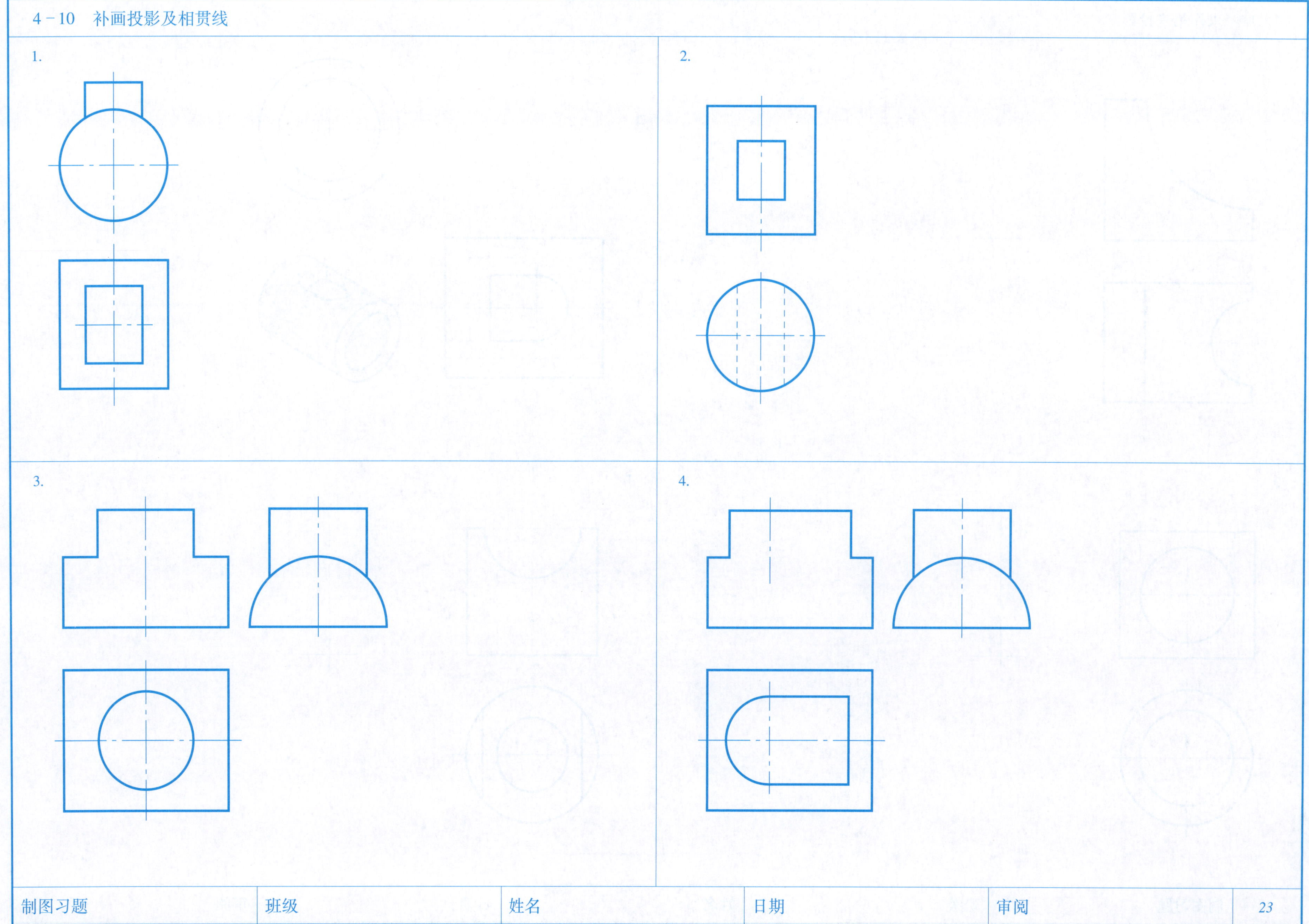

4－11 求作第三投影

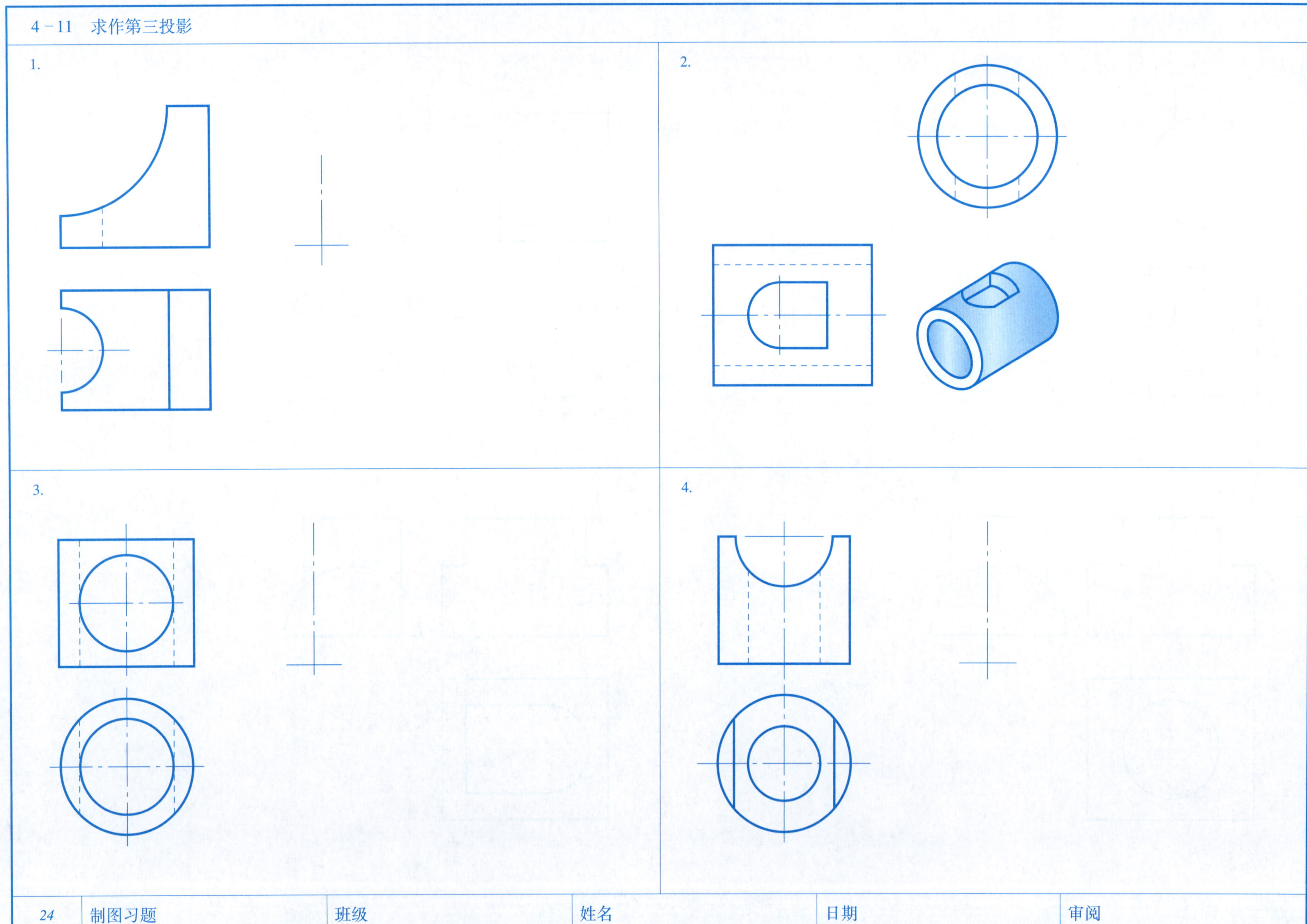

4－12 用辅助平面法求相贯线（一）

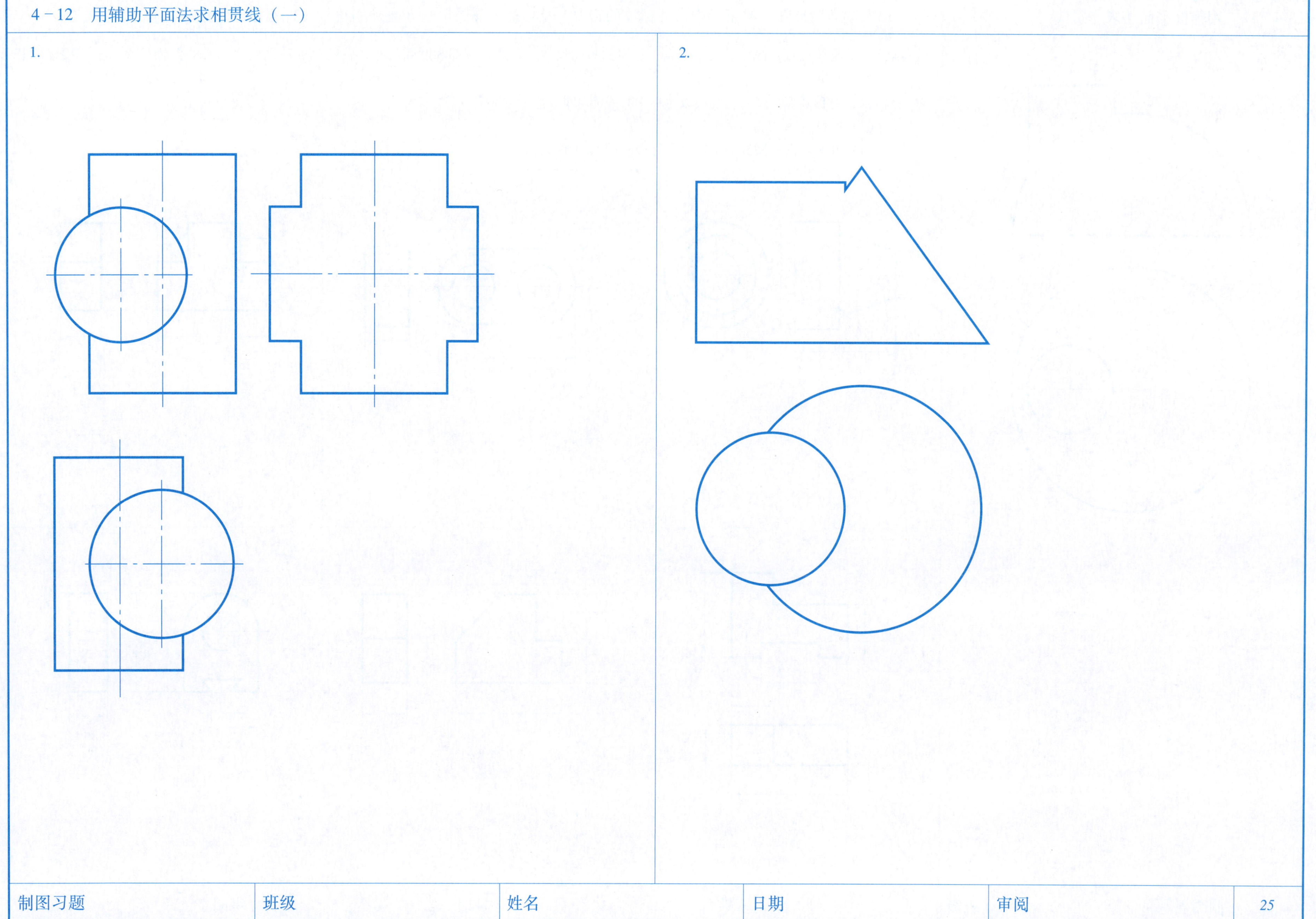

4－12 用辅助平面法求相贯线（二）

4－13 读懂两视图，改正图中尺寸标注的错误，补标被遗漏的尺寸（删除用符号×，不标尺寸数字）

提示：（1）物体应直接标注总长、总高、总宽的总体尺寸，若遇到端部为圆弧尺寸，一般只标注到确定圆心的位置尺寸，不直接标注总尺寸。
（2）对称圆形的尺寸，一般以对称中心线为基准，把尺寸布置对称。
（3）特征视图一般应集中标注两个方向尺寸。
（4）几个相同的圆孔应标数量，几个相同的圆弧不标数量。

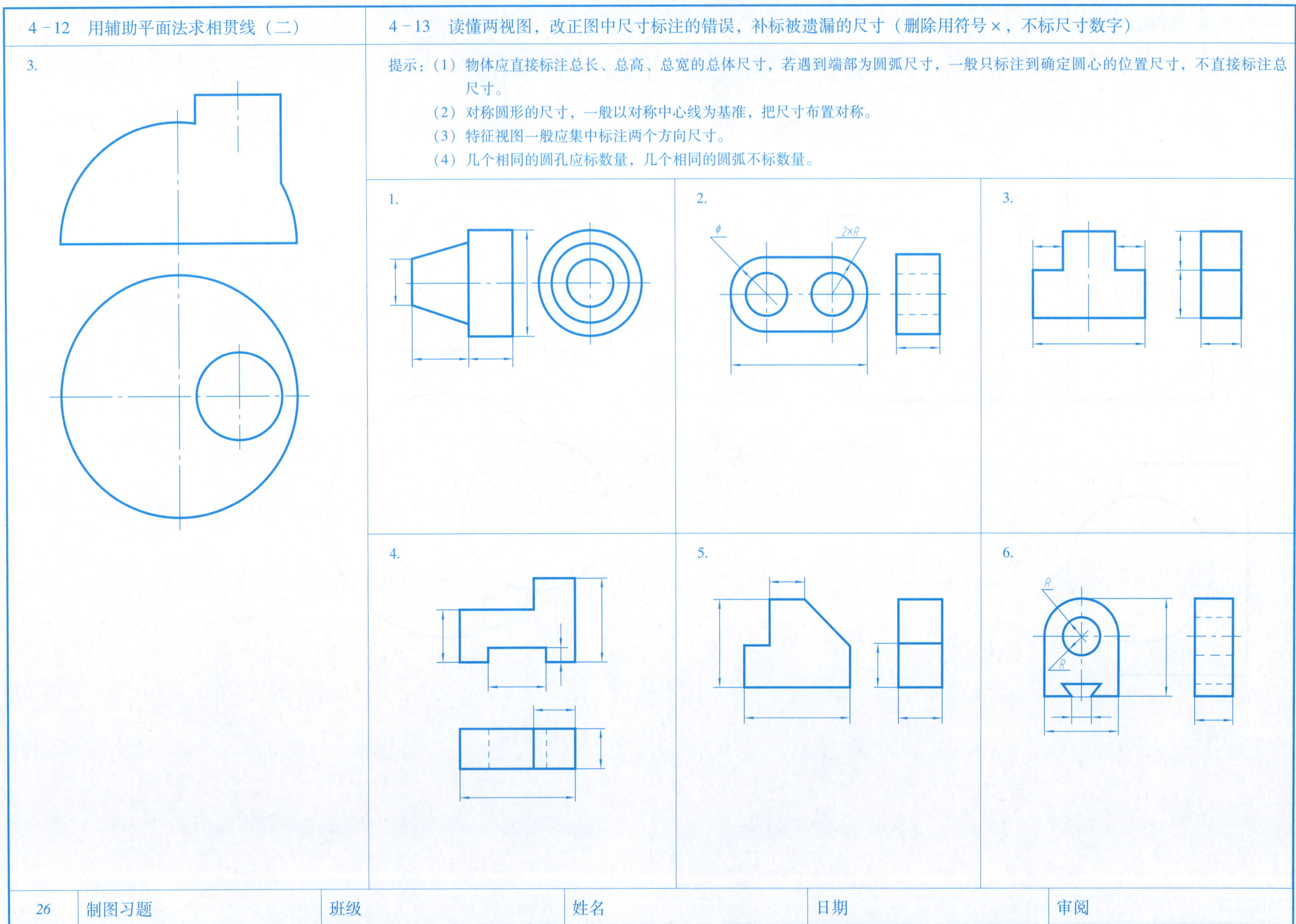

班级 姓名 日期 审阅

5 组合体的视图与尺寸注法

5－1 将轴测图中所示的线、面标注在三视图中

5－2 将视图中所示的线、面标注在轴测图中

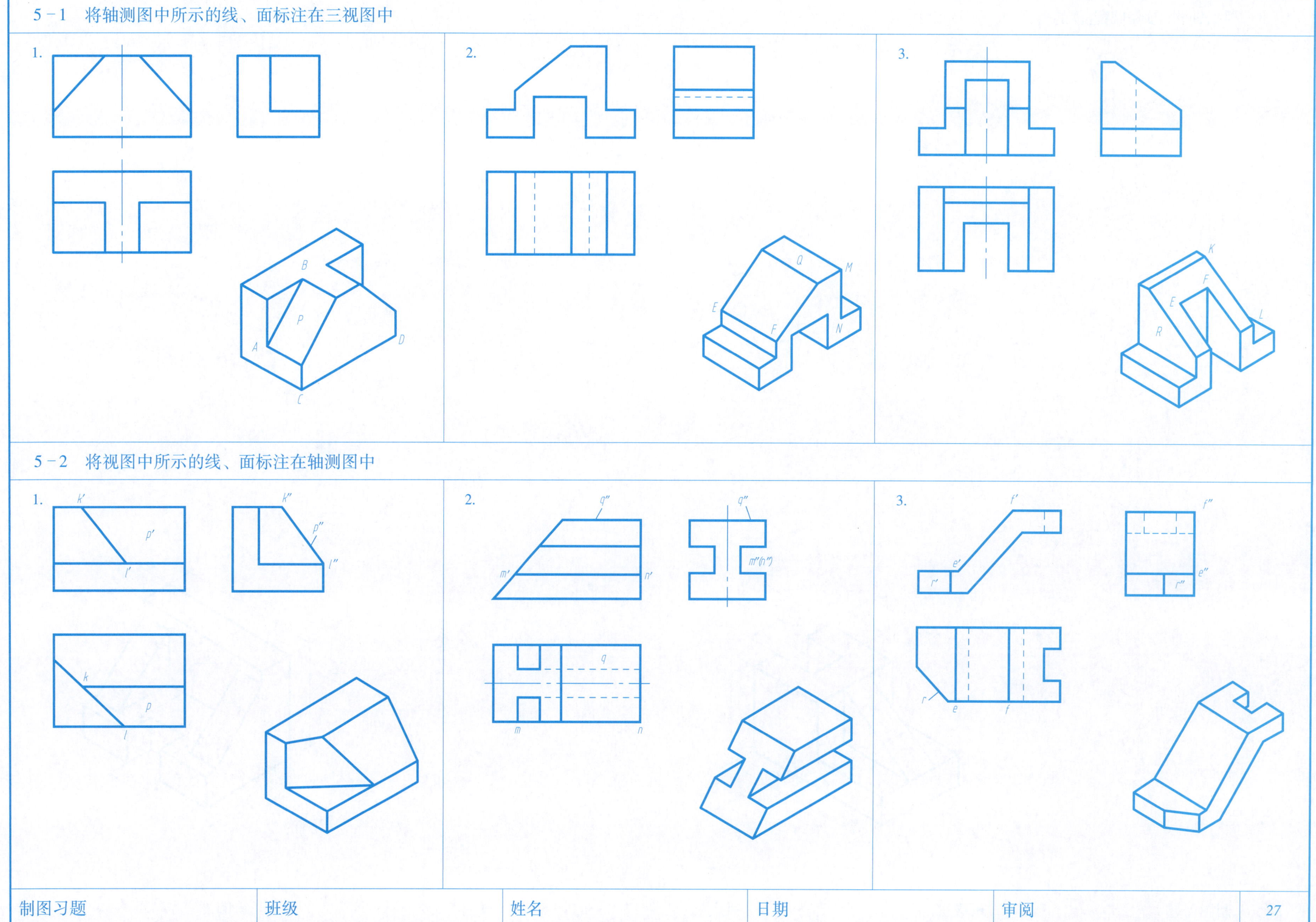

5－3　根据轴测图画出组合体的三视图（不注尺寸）（一）

1.

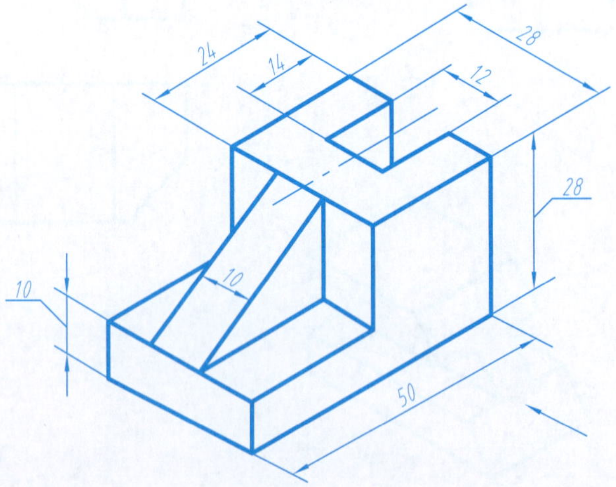

24 14 28 12 28 10 10 50

2.

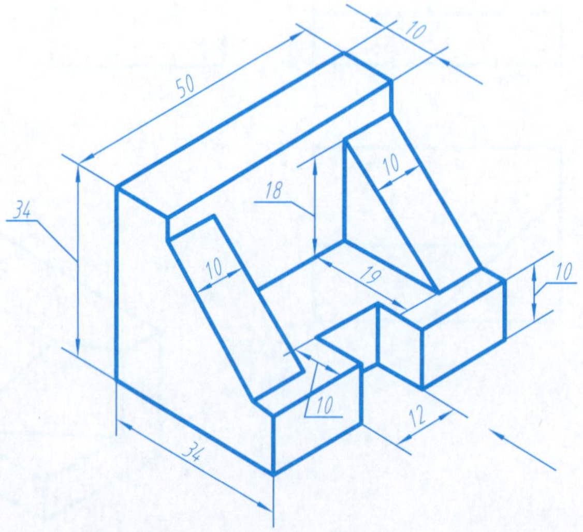

10 50 10 18 34 10 19 10 10 12 34

 班级 姓名 日期 审阅

5－3 根据轴测图画出组合体的三视图（不注尺寸）（二）

3.

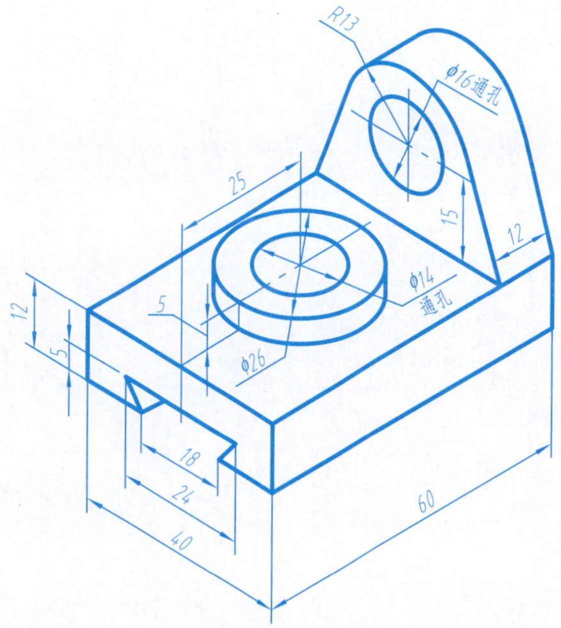

R13
φ16通孔
25
15
12
φ14
通孔
5
12
5
φ26
18
24
40
60

4.

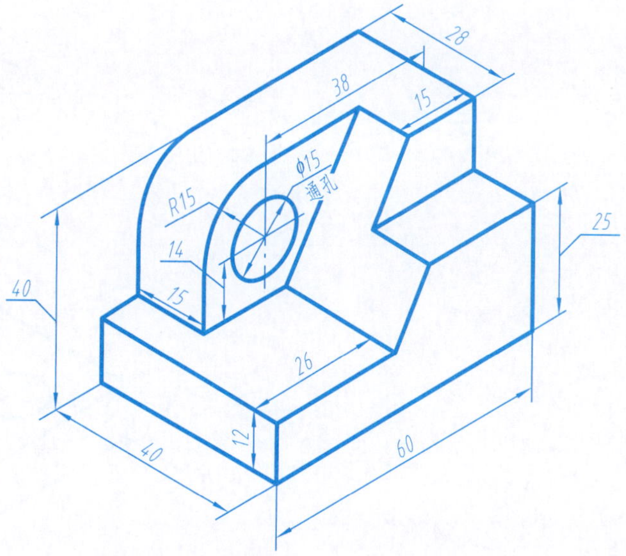

28
38
15
φ15
通孔
R15
14
15
40
25
26
12
40
60

制图习题 | 班级 | 姓名 | 日期 | 审阅

5－3 根据轴测图画出组合体的三视图（不注尺寸）（三）

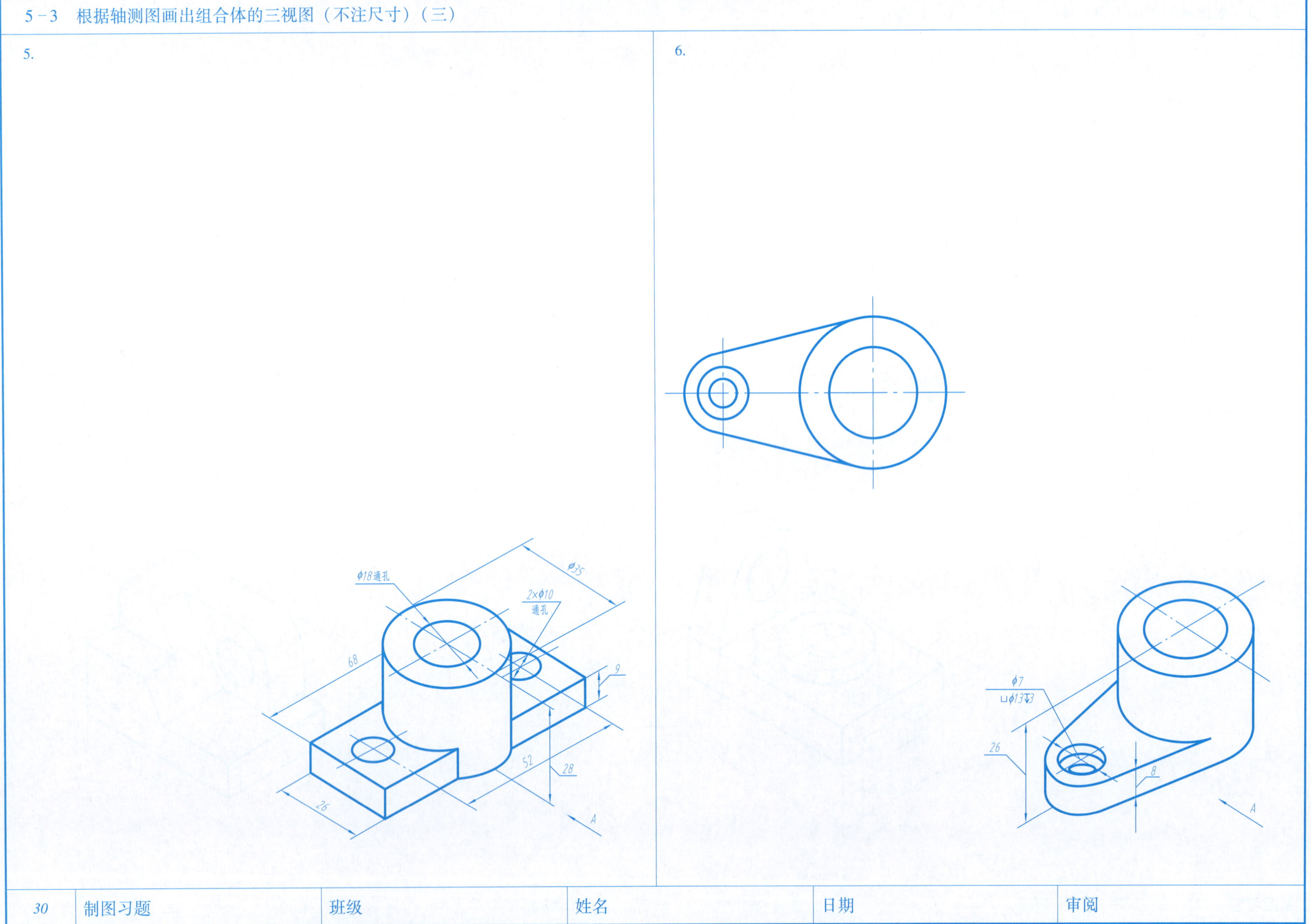

 班级 姓名 日期 审阅

5-4 求画其第三视图（一）

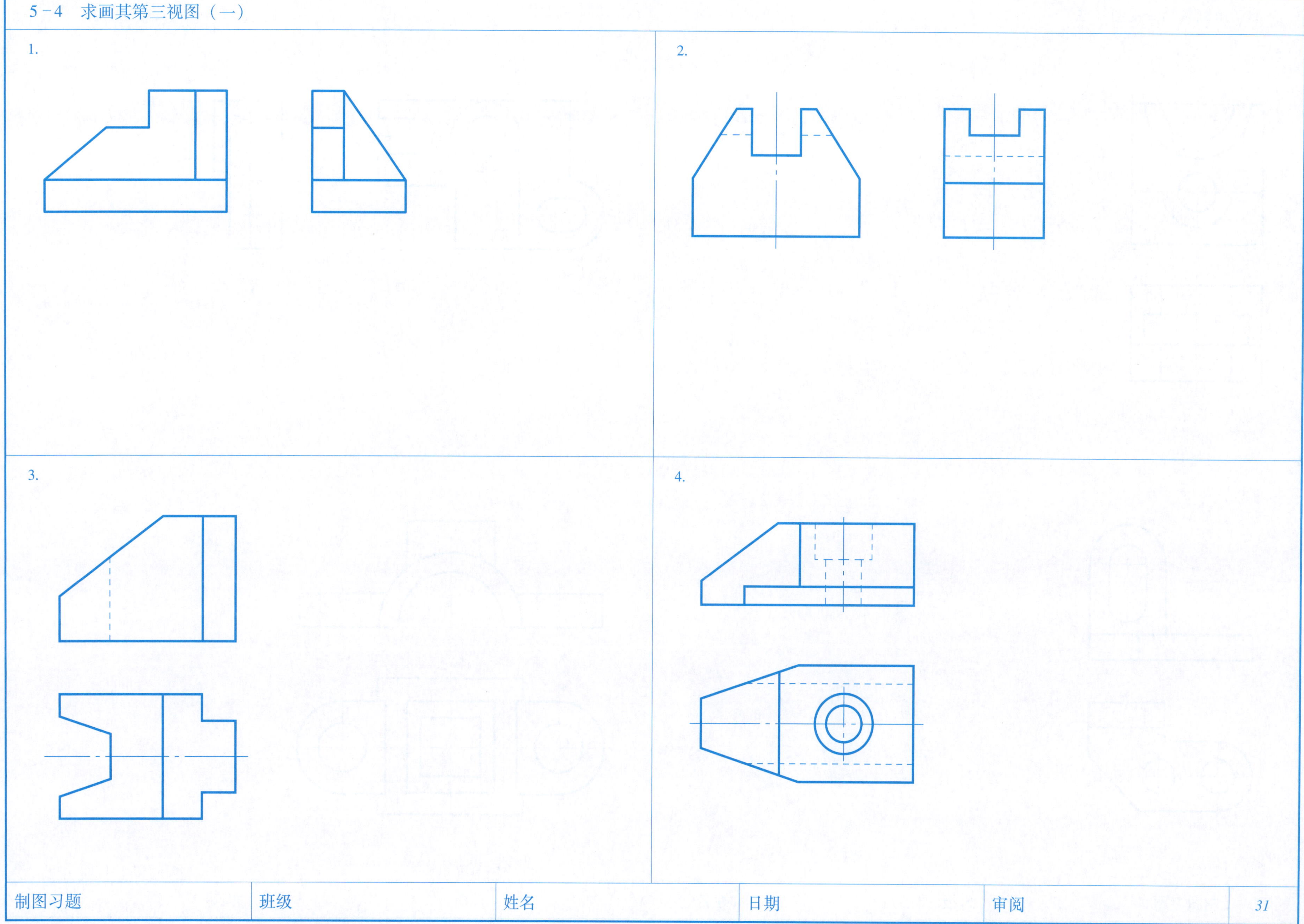

制图习题	班级	姓名	日期	审阅	31

5-4 求画其第三视图（二）

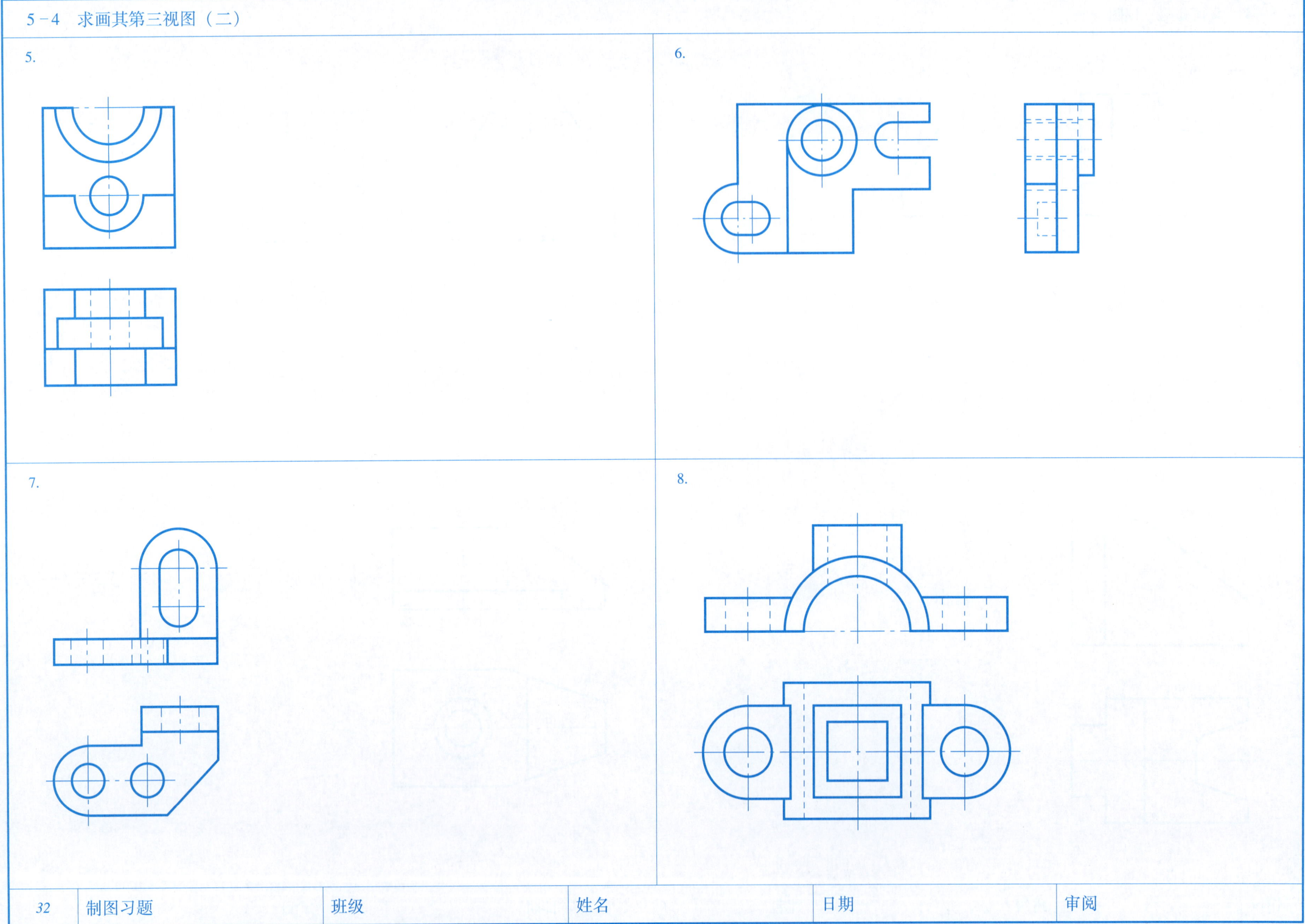

5－5　补画下列各组合体视图中缺少的图线

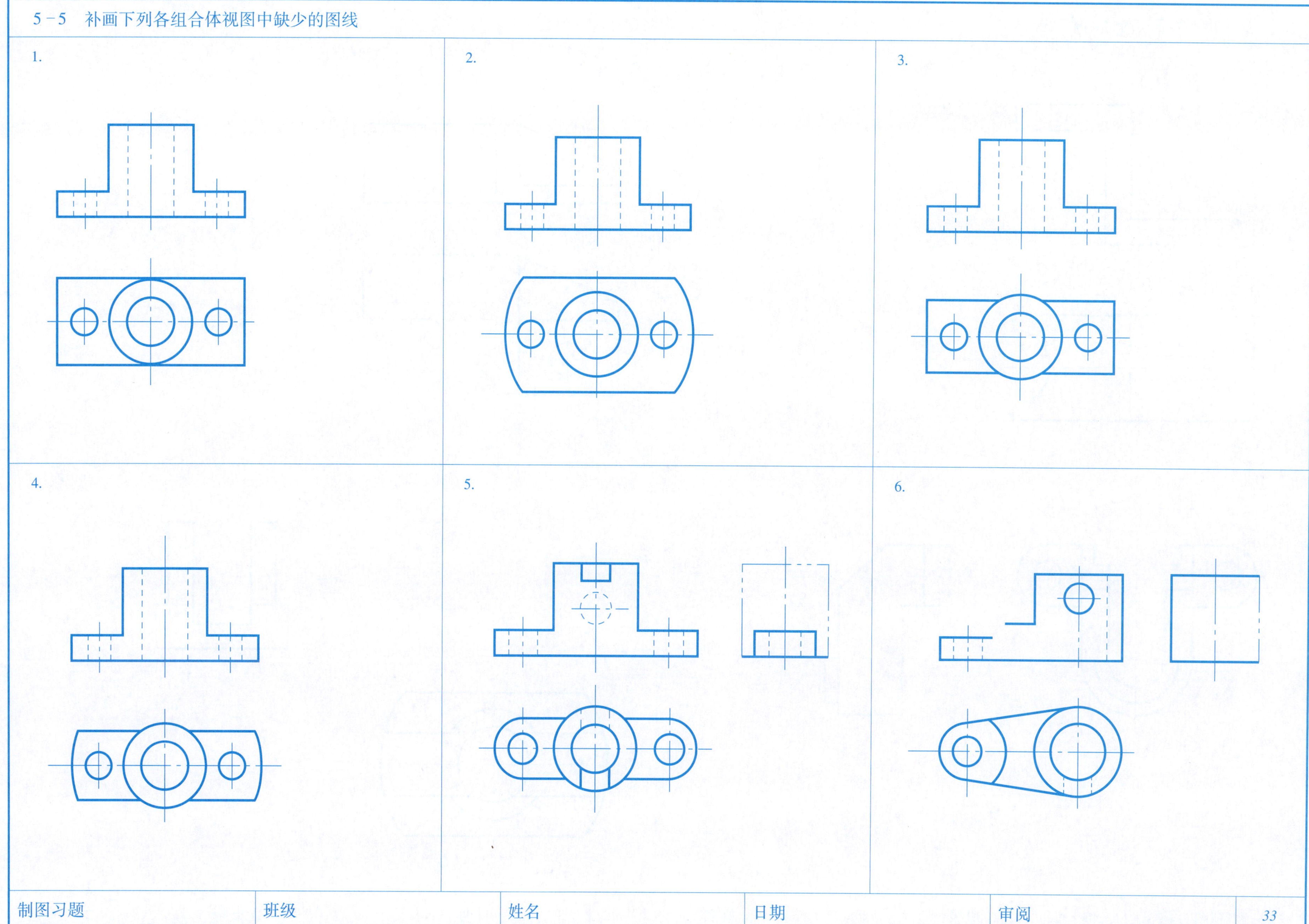

5－6 画出下列各组合体的第三视图

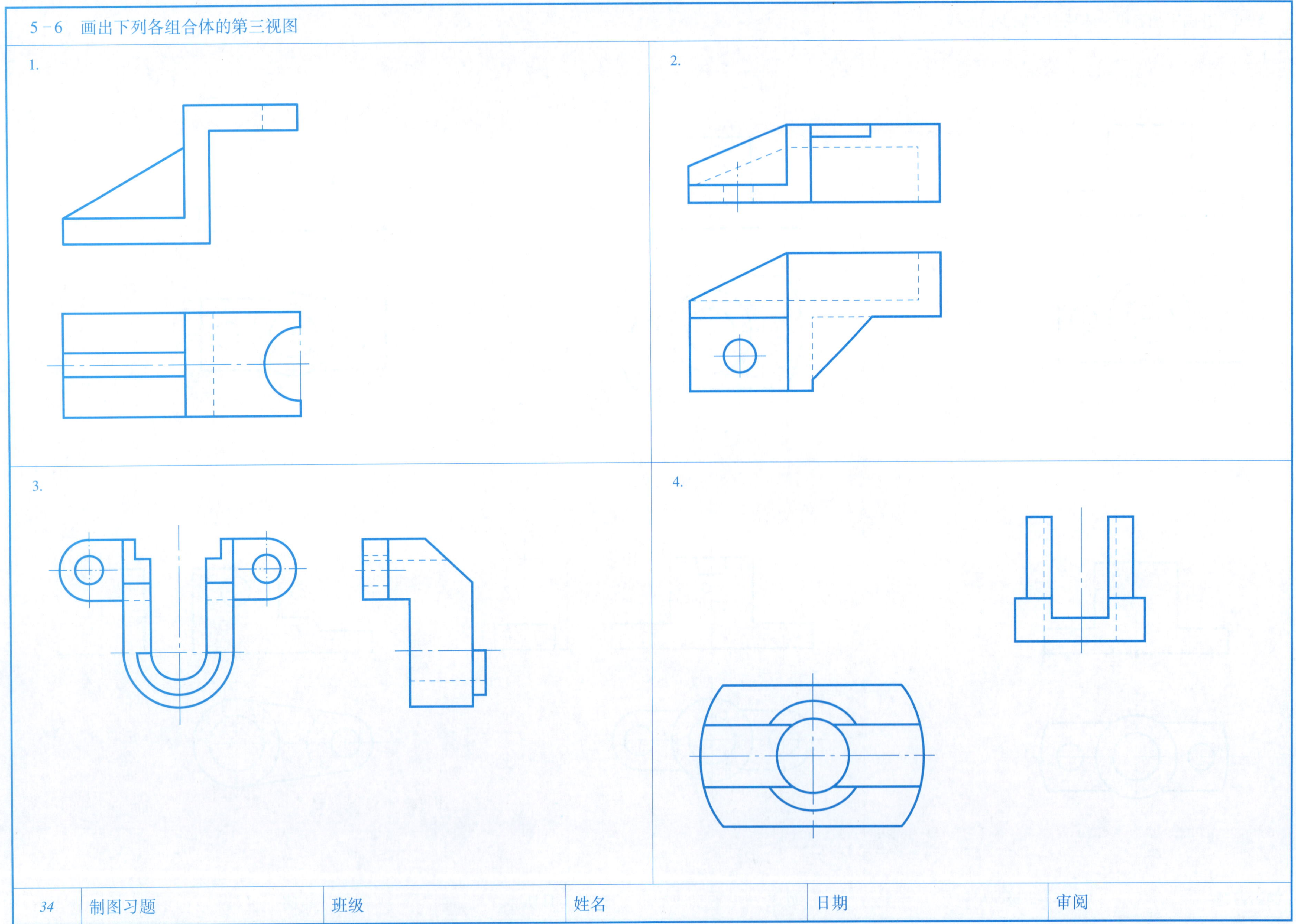

5－7　画出下列各组合体的第三视图（不注尺寸）

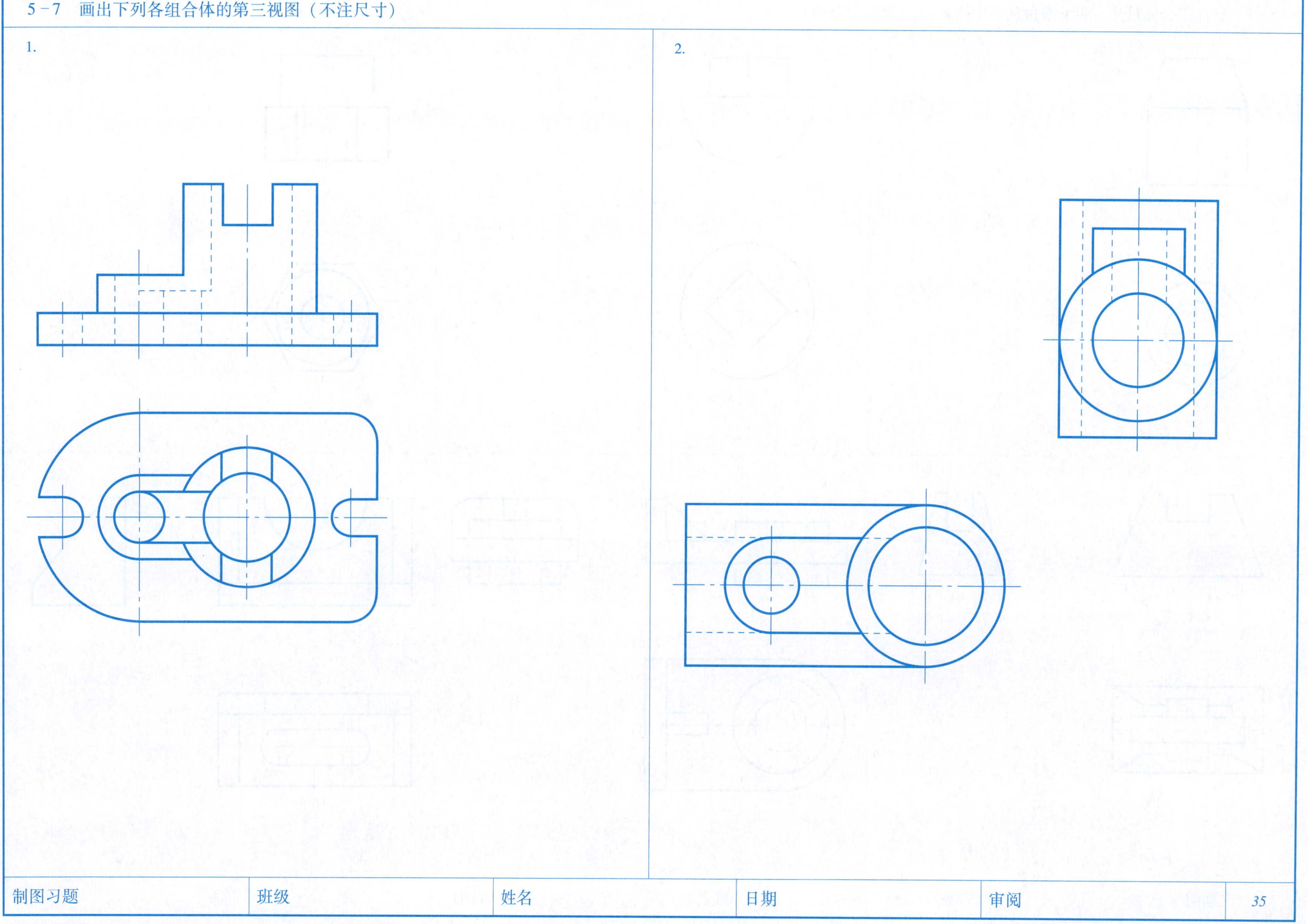

5-8 标注组合体尺寸（尺寸数值从图中按 1：1 比例量取整数）

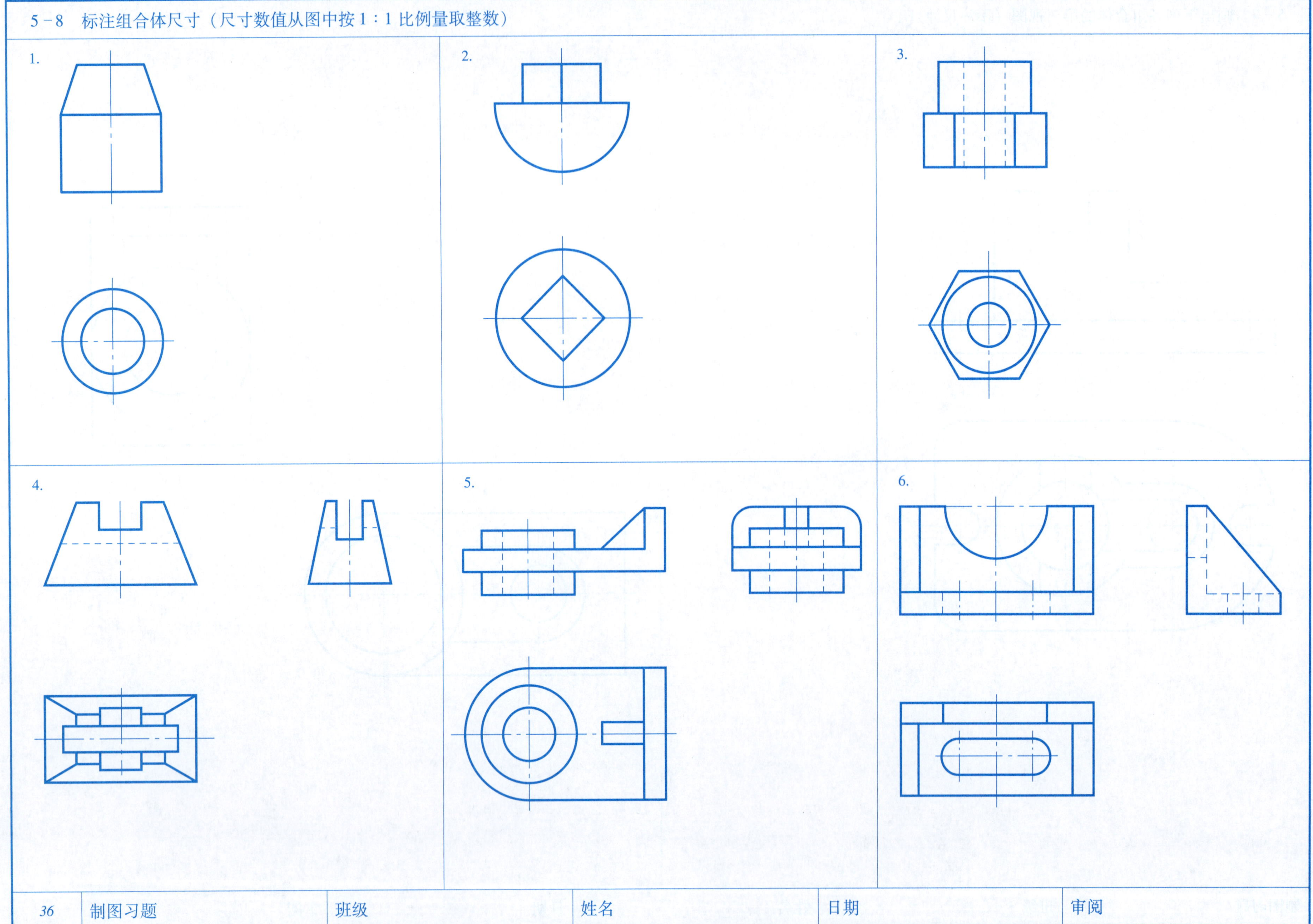

 班级 姓名 日期 审阅

5-9 根据轴测图，画出组合体的三视图，并标注尺寸（按比例1∶1画出）

1.

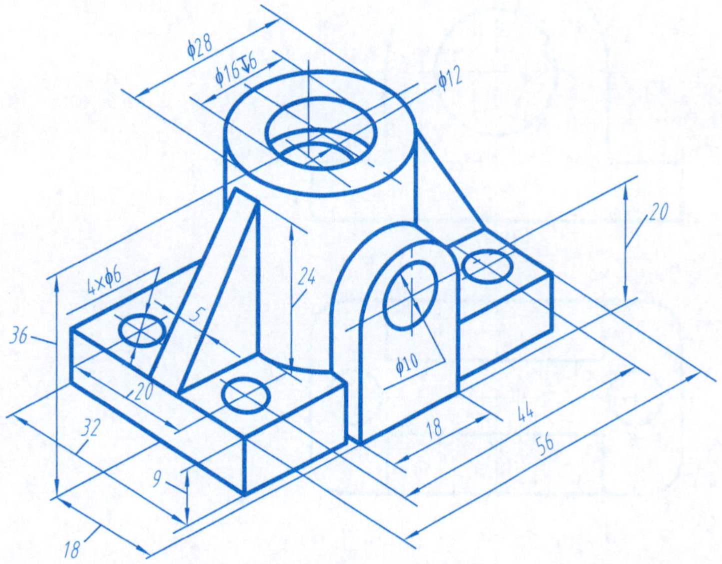

2.

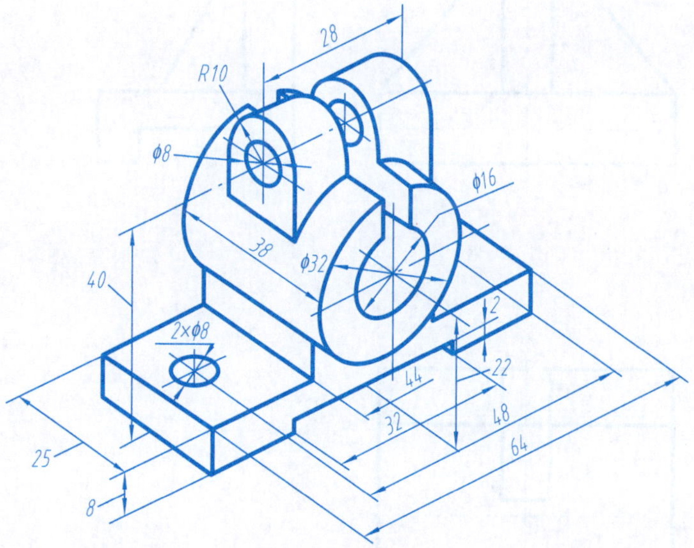

制图习题	班级	姓名	日期	审阅	37

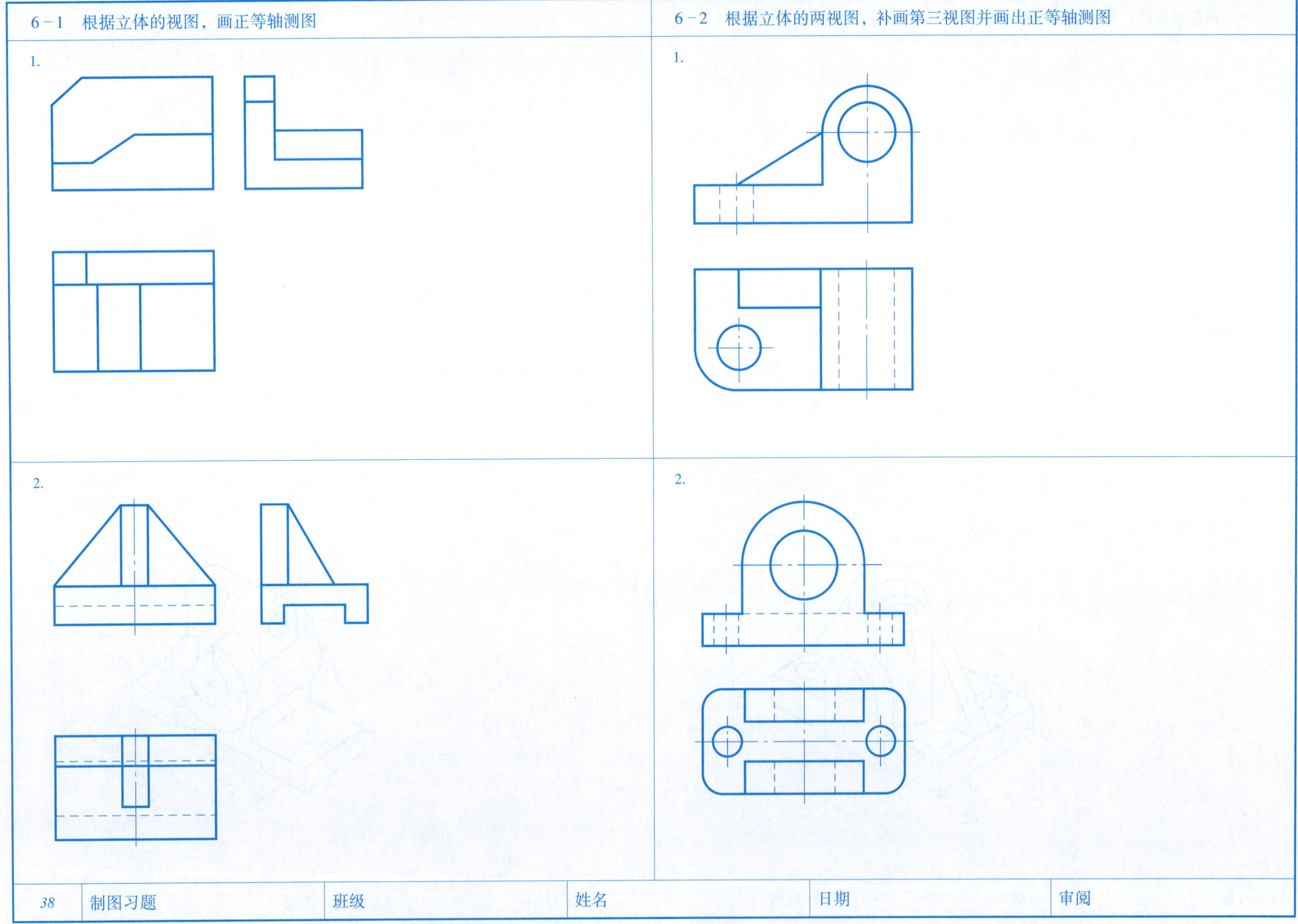
6-1 根据立体的视图，画正等轴测图
1.
2.
6-2 根据立体的两视图，补画第三视图并画出正等轴测图
1.
2.

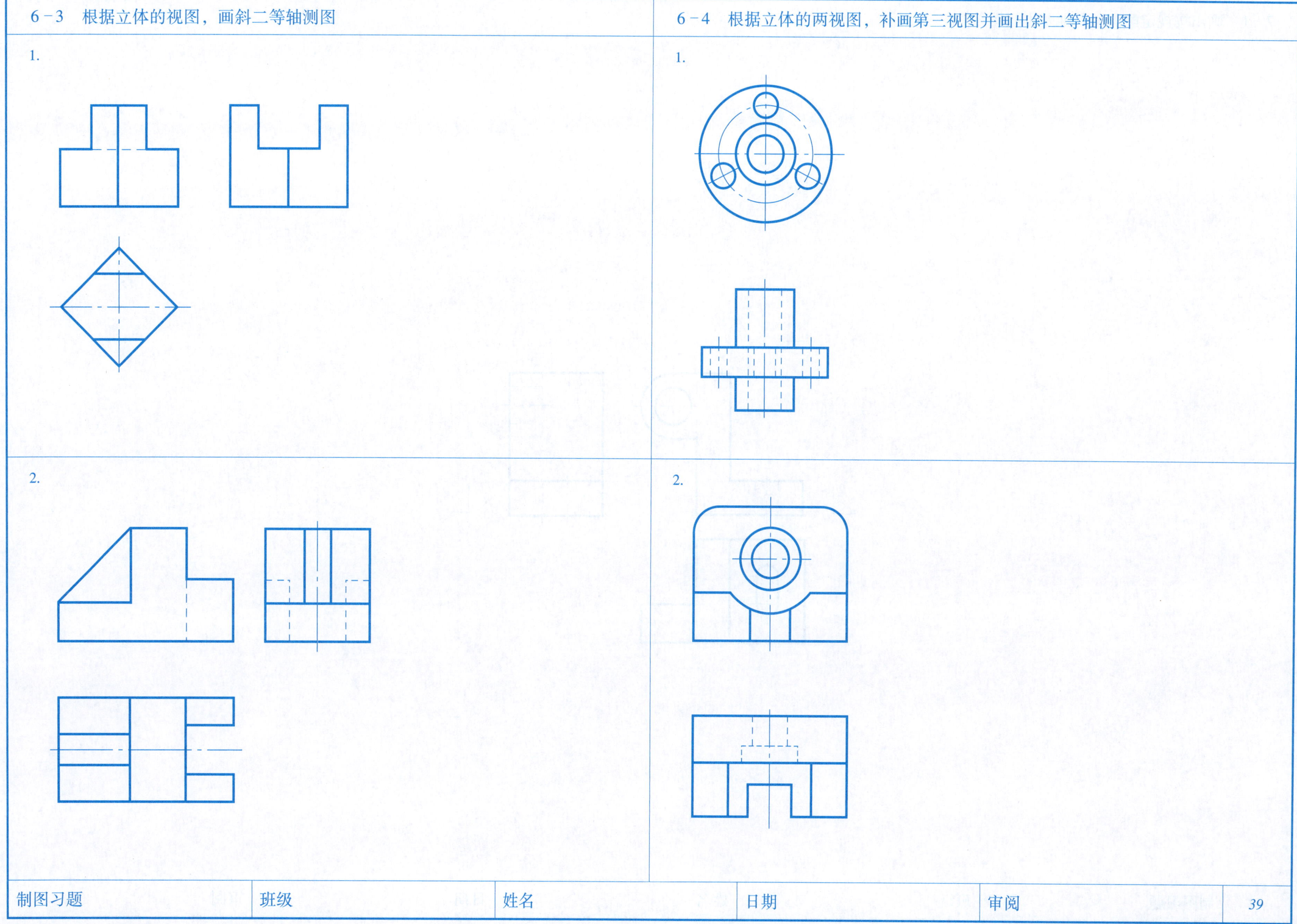
6-3 根据立体的视图，画斜二等轴测图
1.
2.
6-4 根据立体的两视图，补画第三视图并画出斜二等轴测图
1.
2.
制图习题
班级
姓名
日期
审阅

7－1　画出按规定配置的其他基本视图

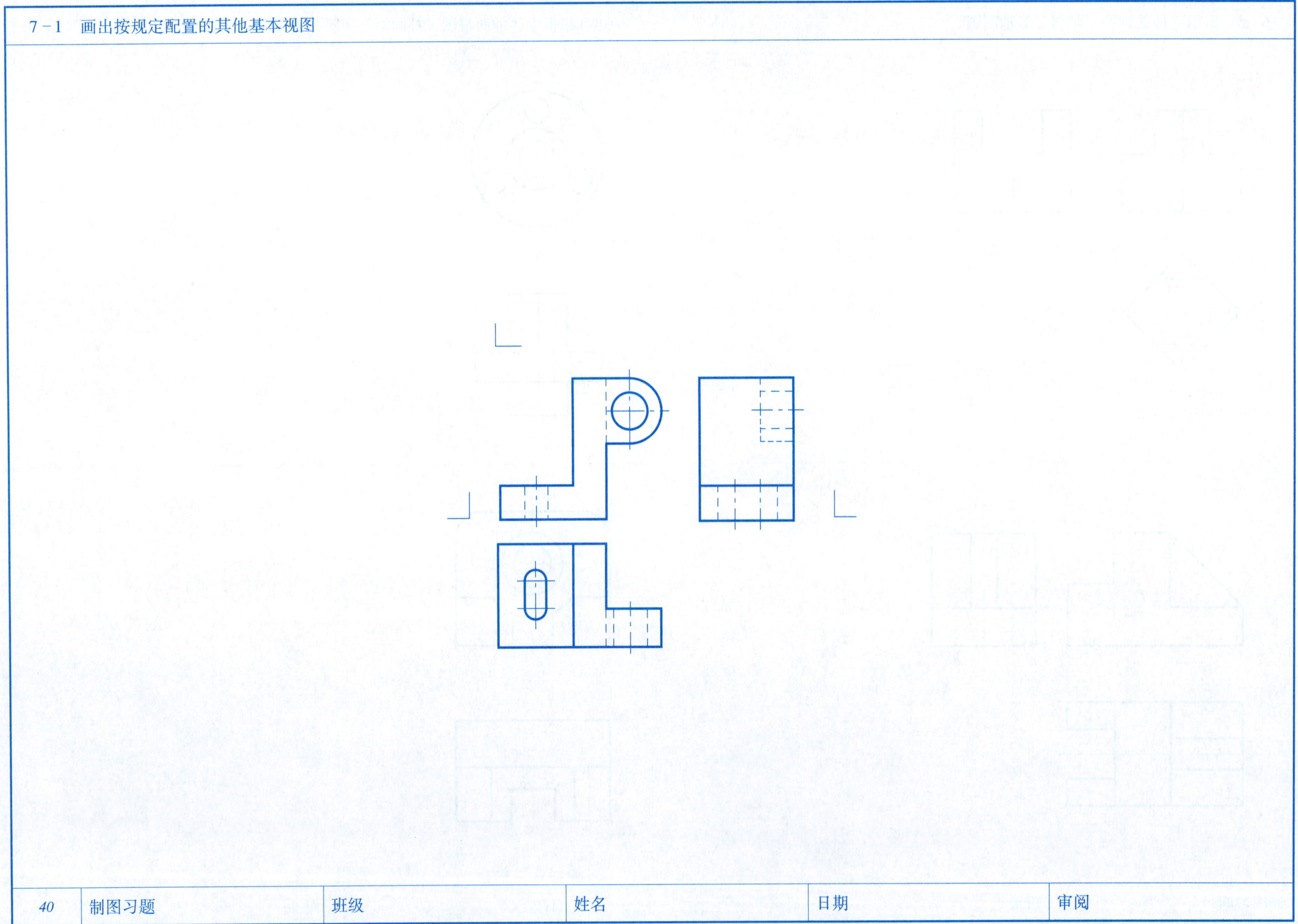

7-2 为了清晰地表达支架的形状，根据已知图形，增画必要的基本视图

7-3 根据已知图形，画出阀体必要的局部视图

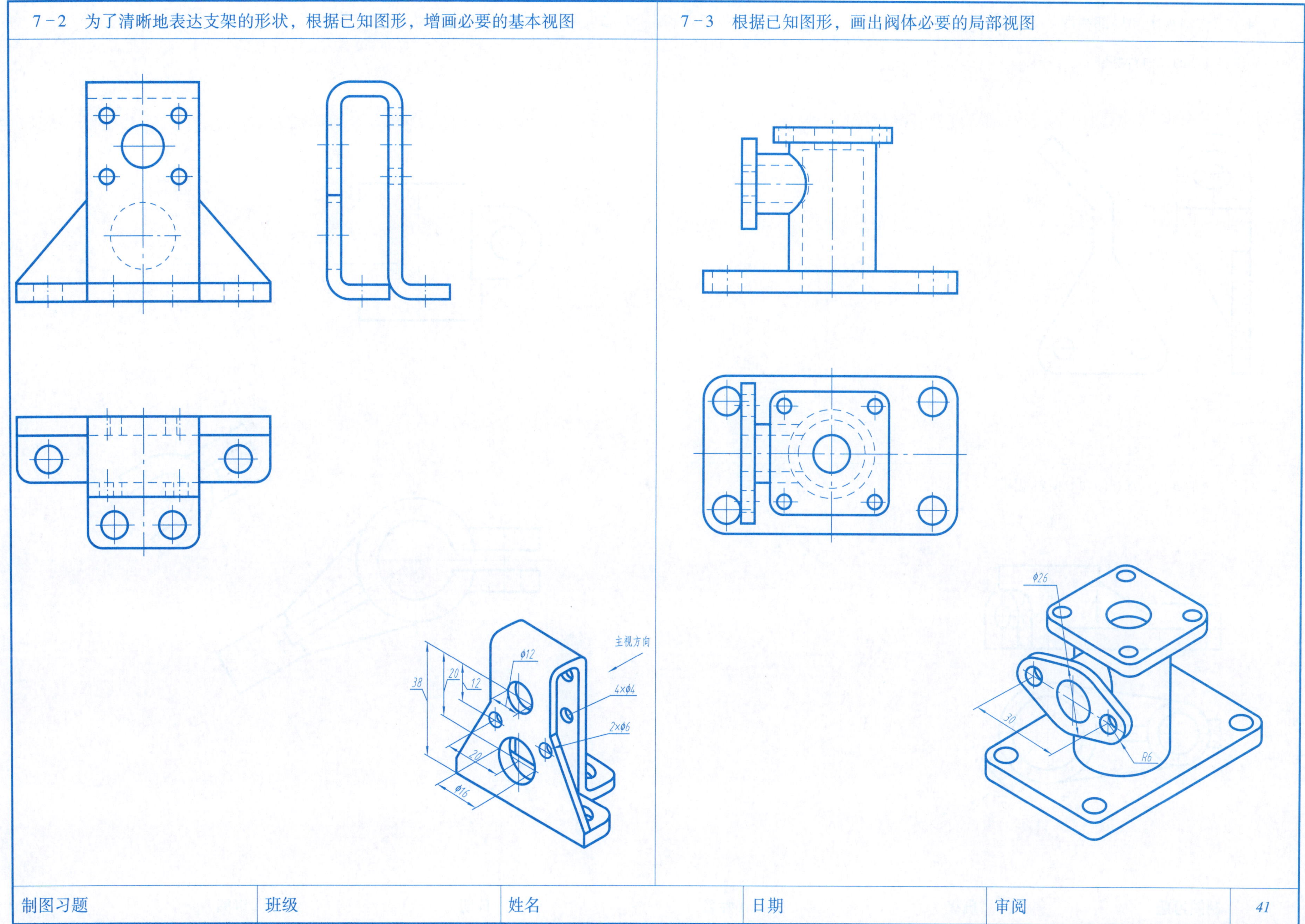

7-4 求作斜视图和局部视图

1. 画出斜支架的 A 向斜视图。

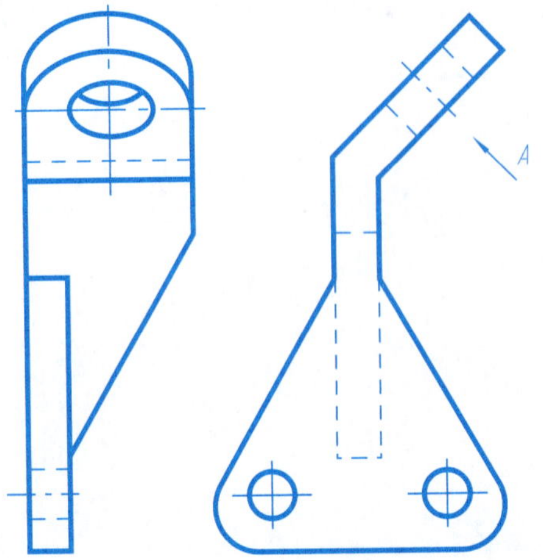

A

2. 画出支座的 B 向局部视图和 C 向斜视图。

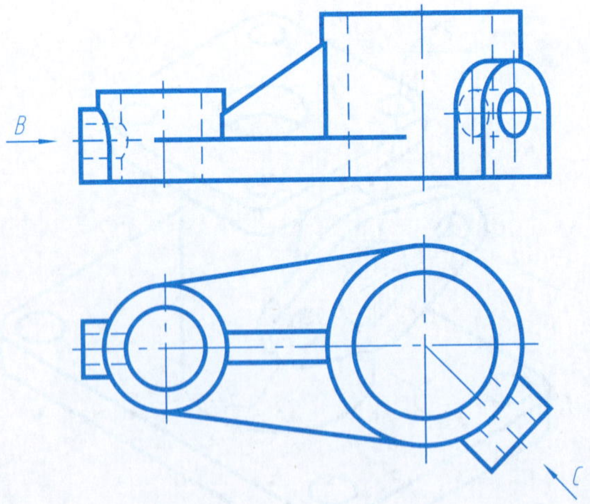

B

C

7-5 用旋转视图画出摇臂的主视图

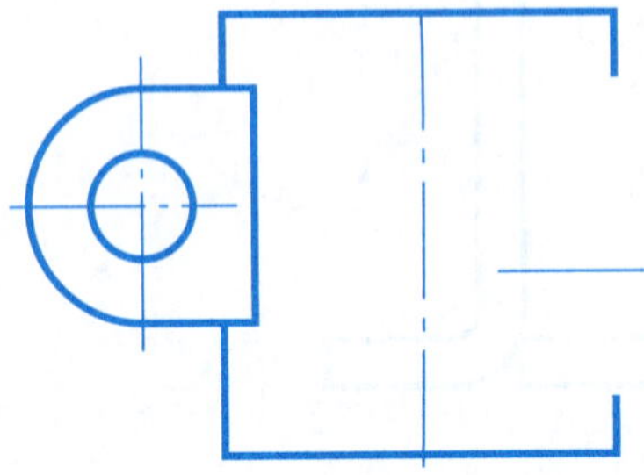

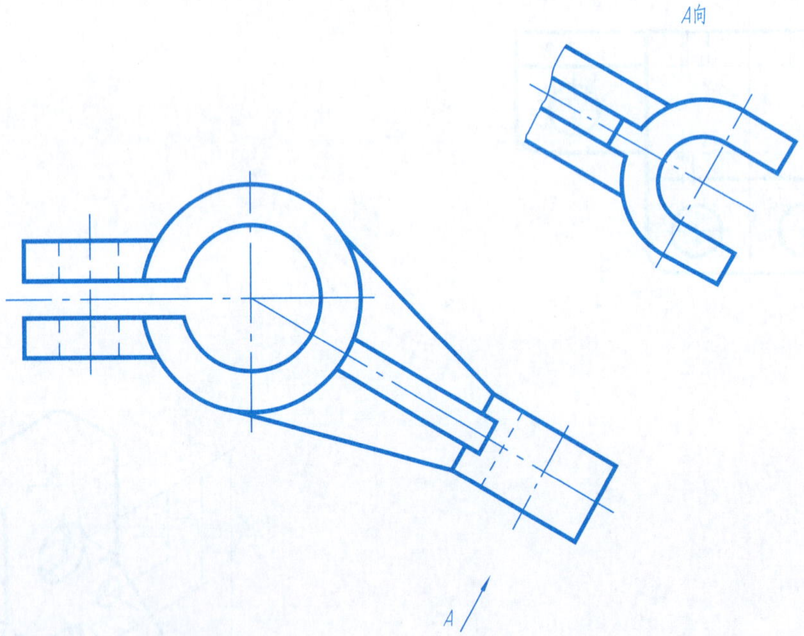

A向

A

班级 姓名 日期 审阅

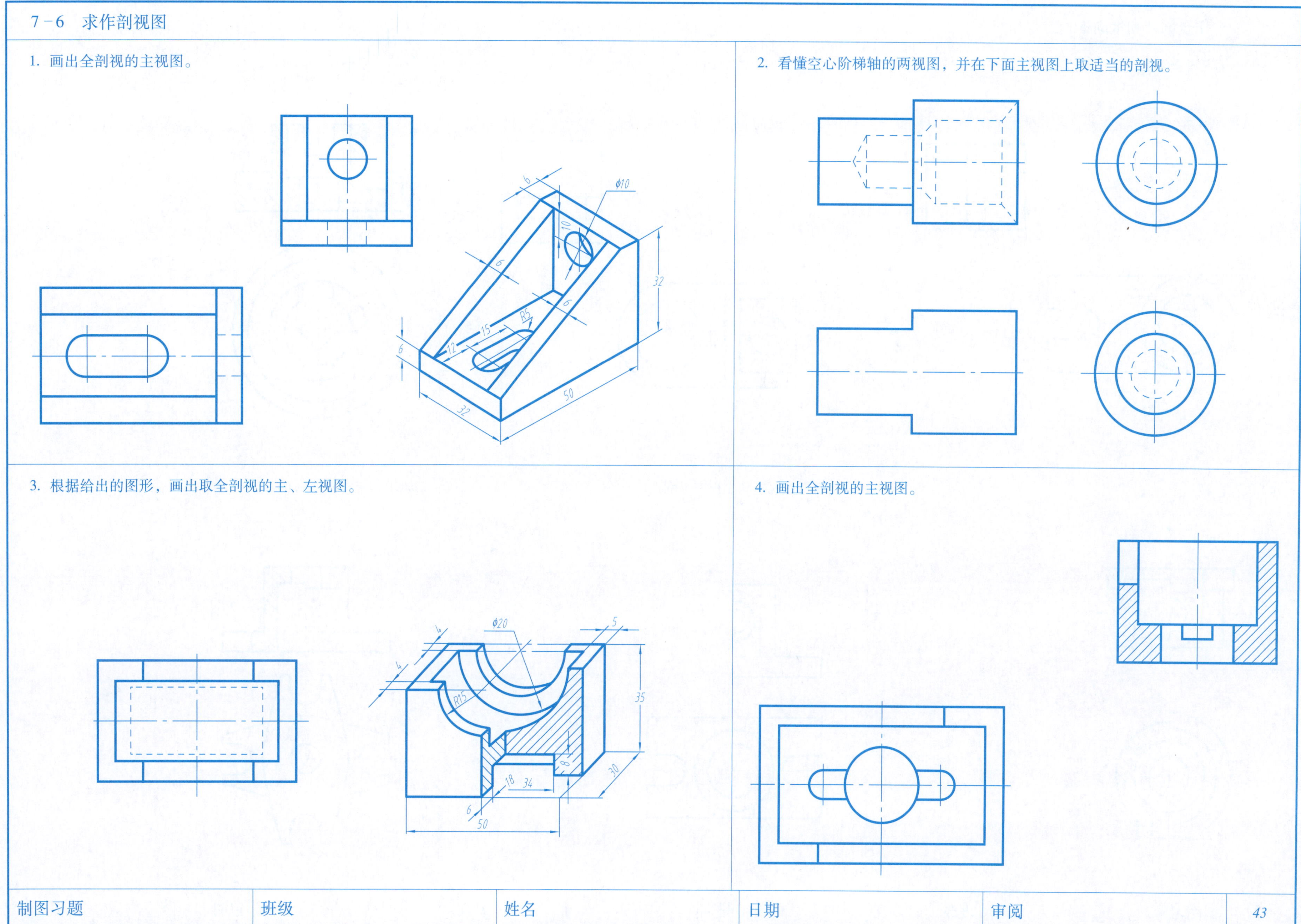
7-6 求作剖视图
1. 画出全剖视的主视图。
6
φ10
10
6
32
6
R5
15
12
6
50
32
2. 看懂空心阶梯轴的两视图，并在下面主视图上取适当的剖视。
3. 根据给出的图形，画出取全剖视的主、左视图。
4
φ20
5
4
R15
35
8
18
34
30
6
50
4. 画出全剖视的主视图。

7－7　求作全剖视和半剖视

7－8 求作局部剖视图

1. 在指定位置将主视图改画成局部剖视图。

3. 在指定位置将主、俯视图改画成局部剖视图。

2. 在指定位置将主、俯视图改画成局部剖视图。

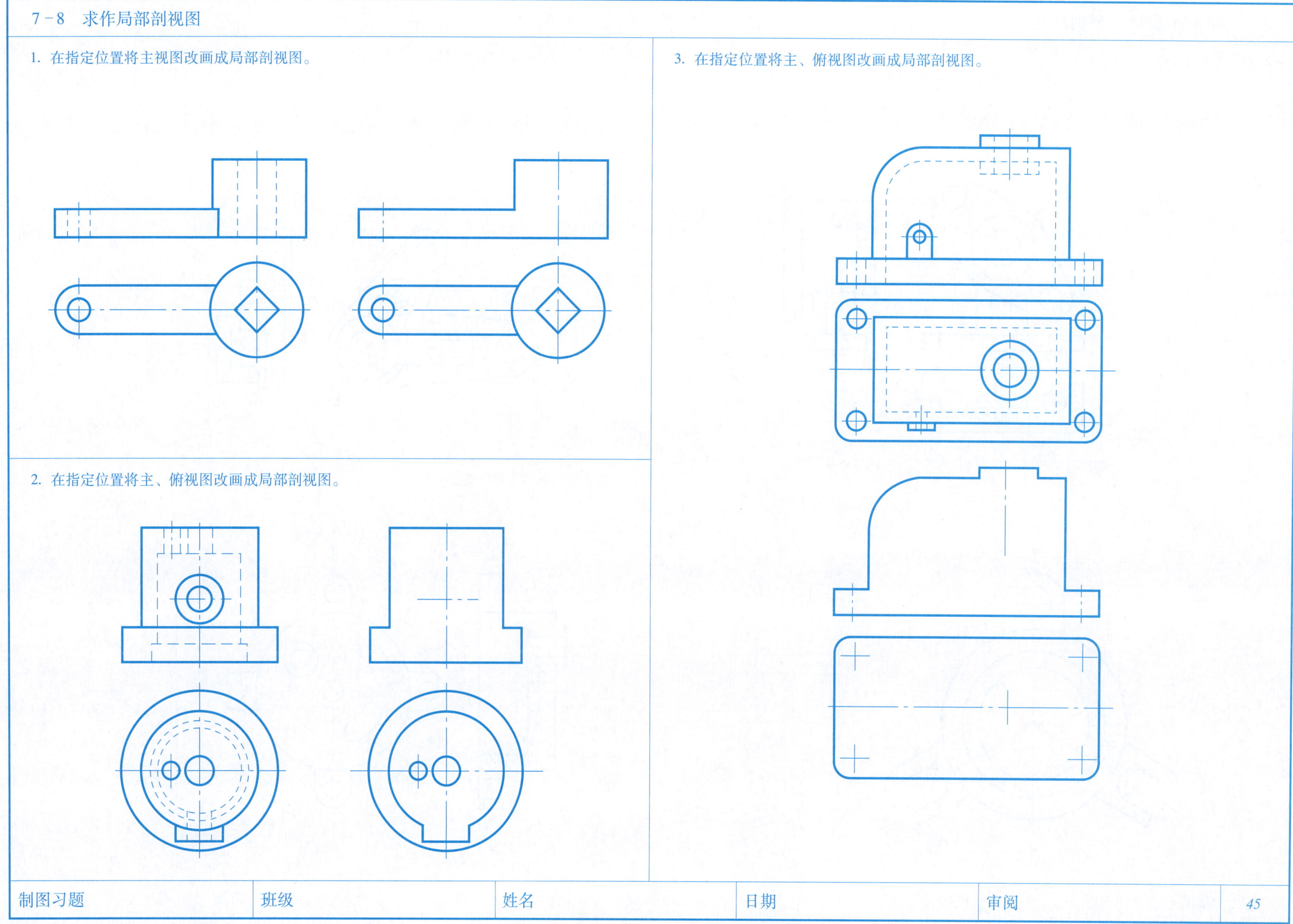

7-9 求作斜剖视与旋转剖视

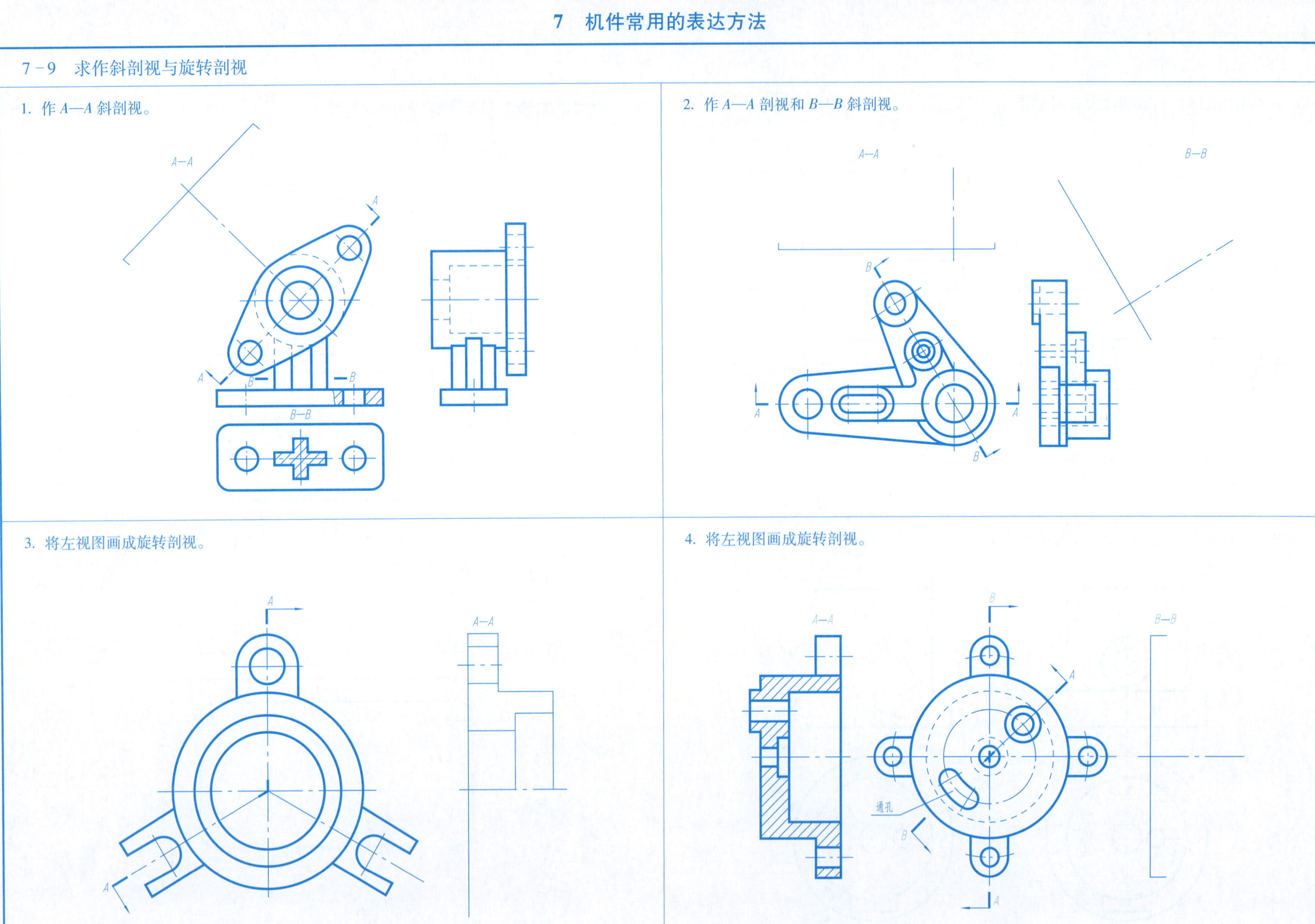

7-10 求作阶梯剖视的主视图

1. 看懂机座两视图，并在上方画出取阶梯剖视的主视图。

2. 看懂支座两视图，并在中间画出取 *A*—*A* 阶梯剖视的主视图。

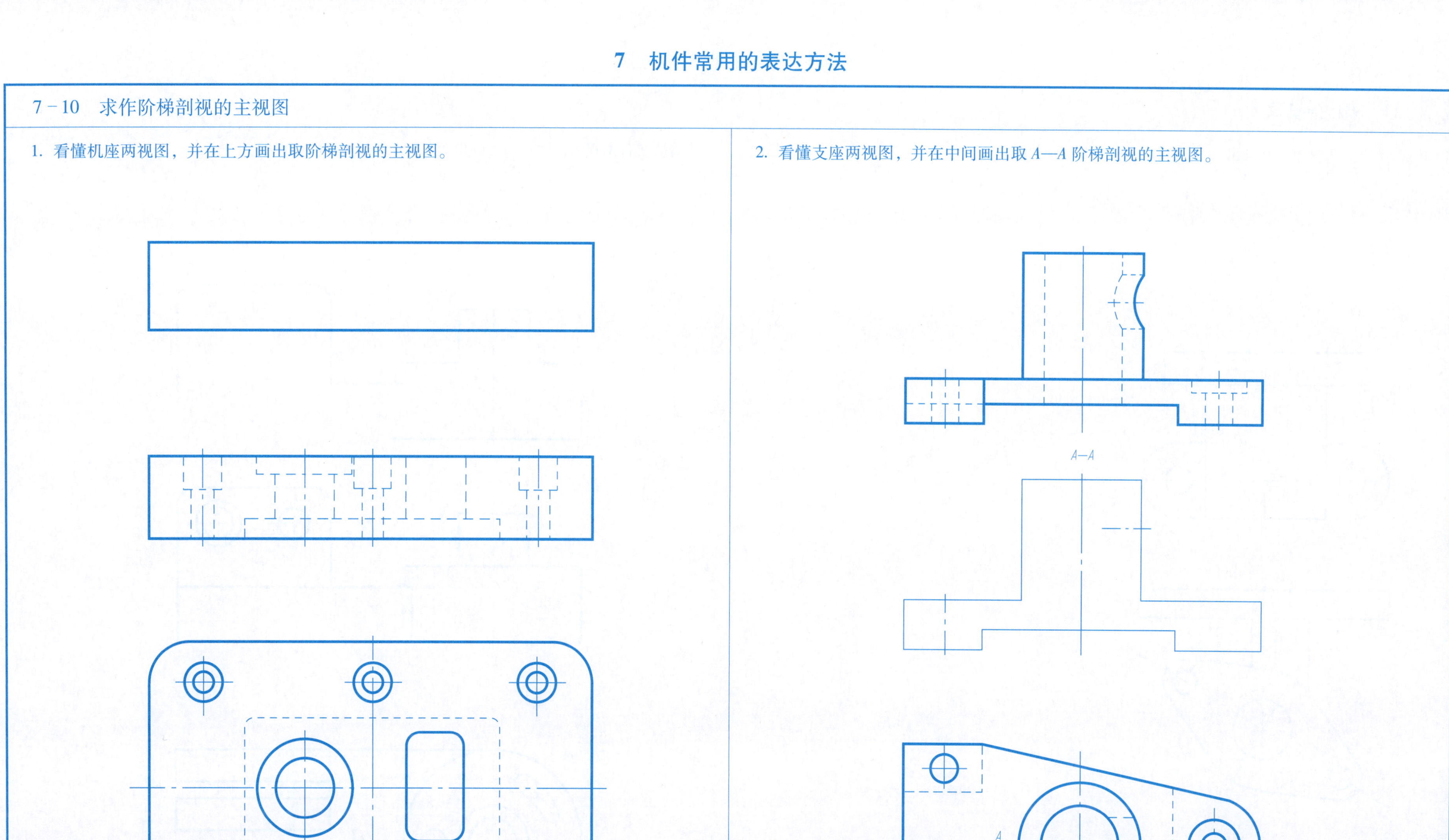

7-11 求作剖视图

1. 看懂机座两视图，并画出 *A—A* 斜剖视图和 *B—B* 剖视图。

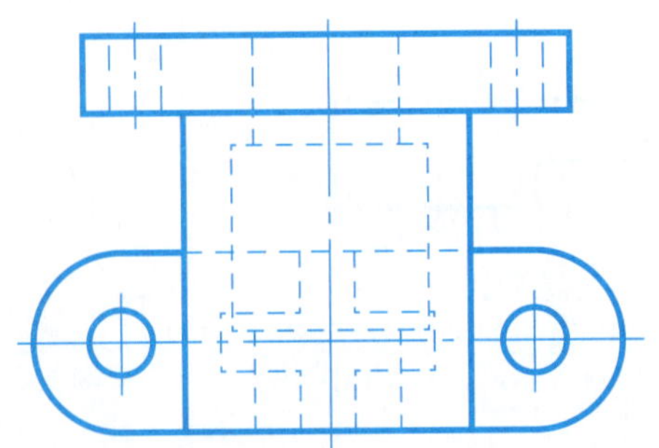

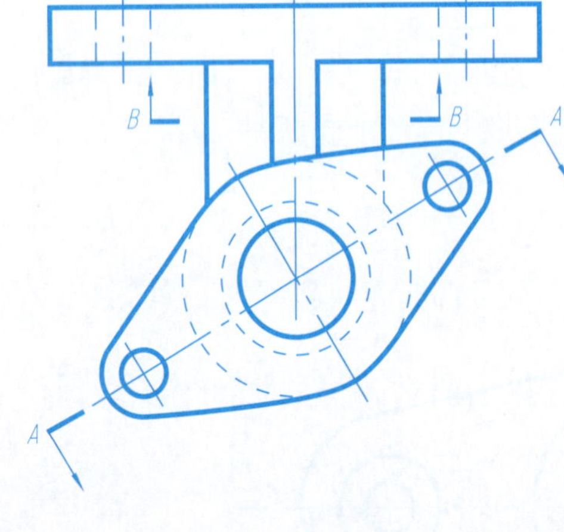

2. 看懂机件两视图，并在上方画出取 *E—E* 复合剖视的主视图。

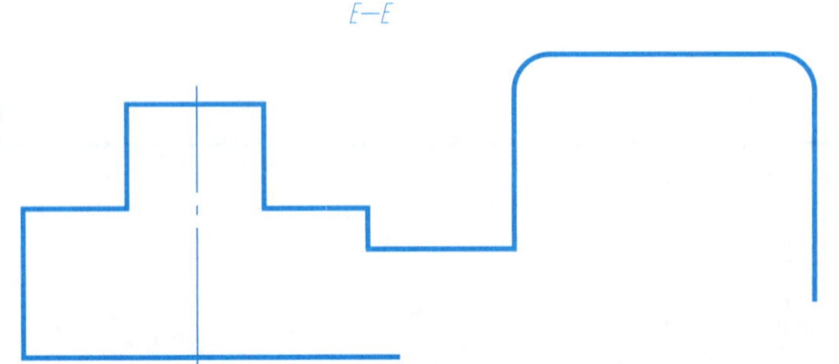

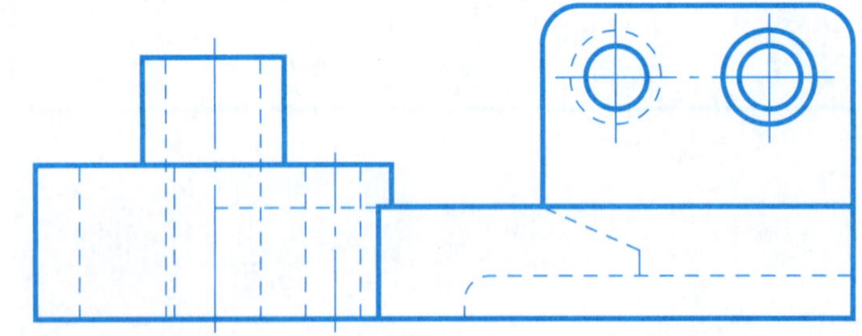

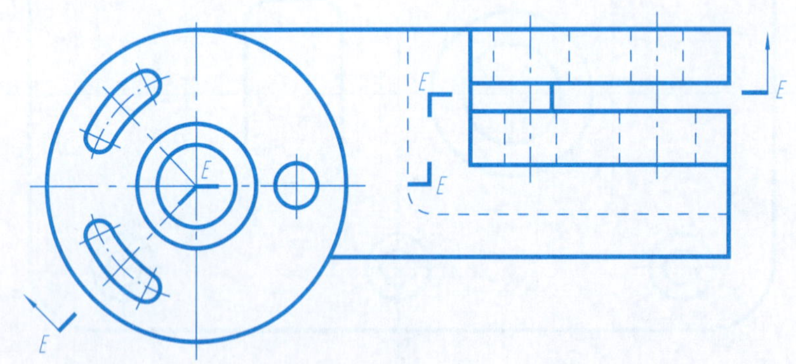

 班级 姓名 日期 审阅

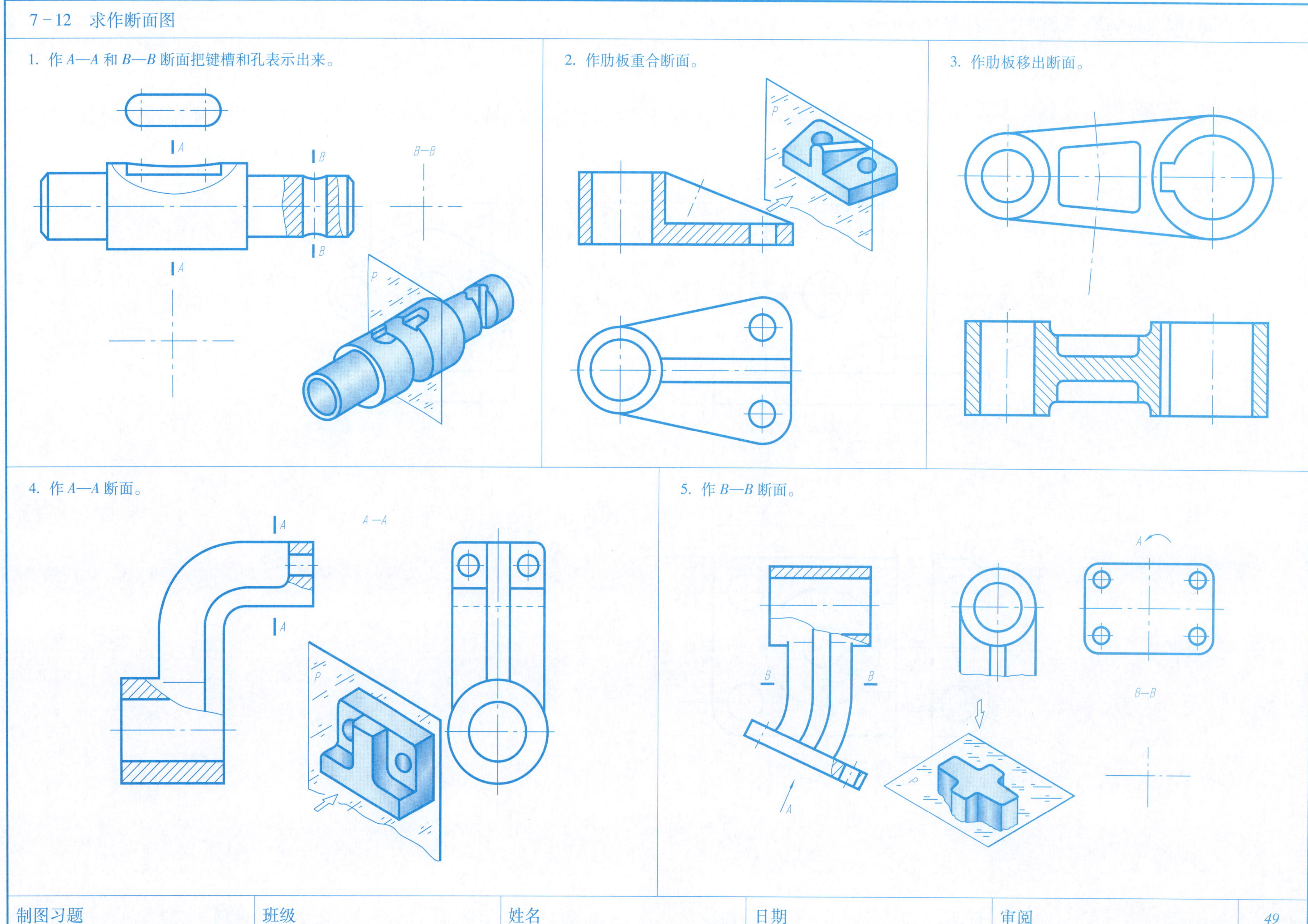
7－12　求作断面图
1. 作 A—A 和 B—B 断面把键槽和孔表示出来。
A
A
B
B
B—B
P
2. 作肋板重合断面。
P
3. 作肋板移出断面。
4. 作 A—A 断面。
A
A
A－A
P
5. 作 B—B 断面。
B
B
A
A
B—B
P

7－13　用适当的表达方法，重新将物体表达清楚，并标注尺寸（画在 A3 图纸上）

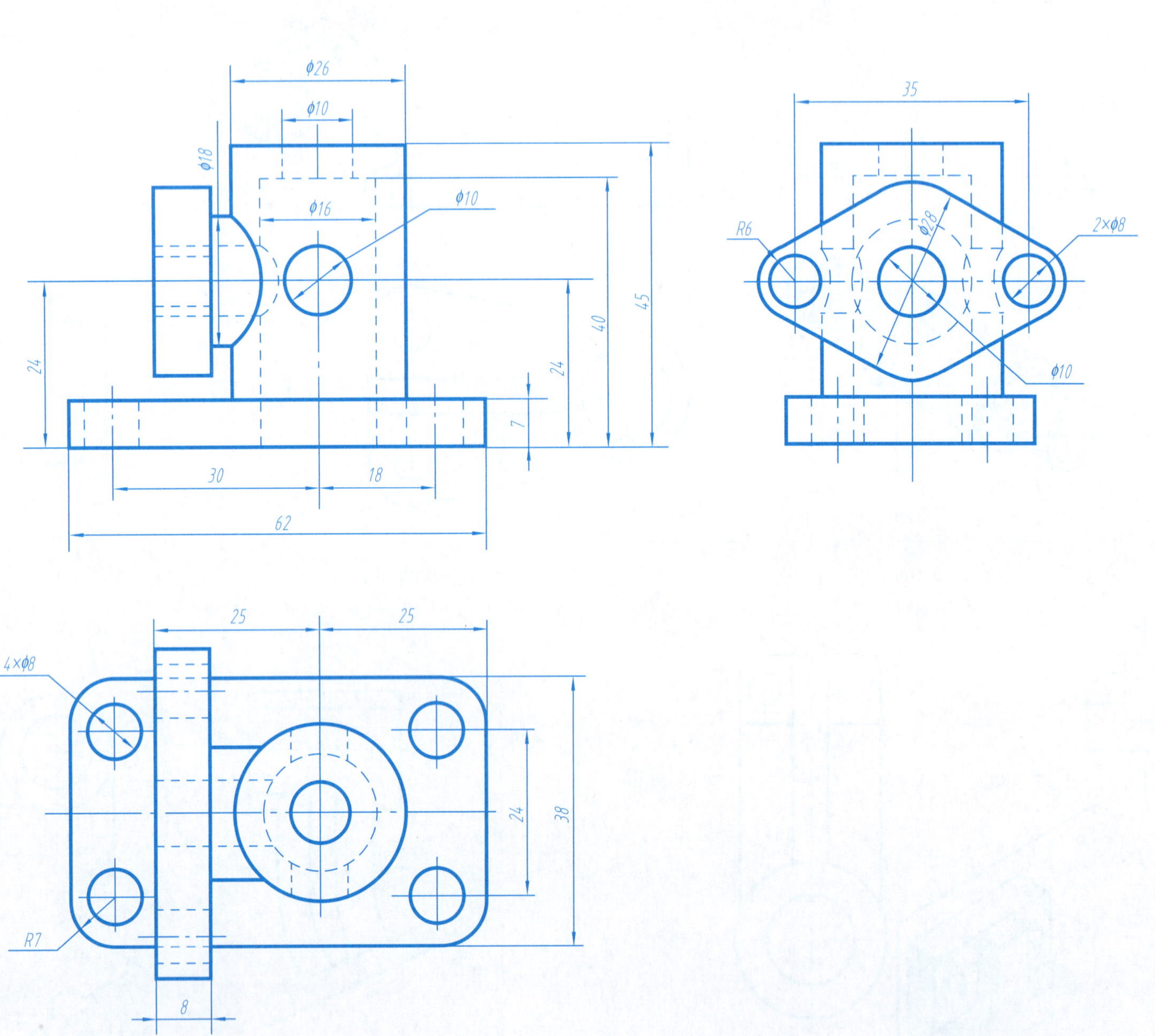

班级　　姓名　　日期　　审阅

8－1 标注下列各种螺纹代号

1. 粗牙普通螺纹大径 10、螺距 1.5、右旋、中径和顶径公差带代号为 5g、6g、中等旋合长度。

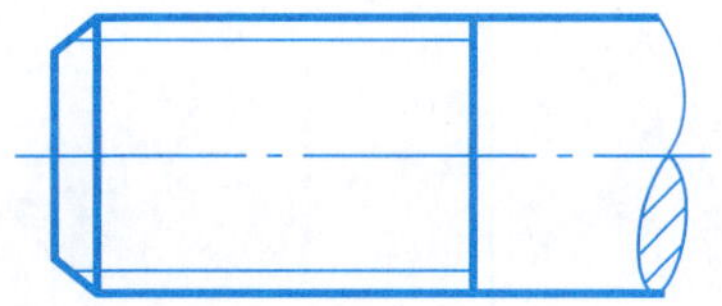

2. 梯形螺纹，大径 12、螺距 3、双线、右旋、中径公差带代号为 7e、中等旋合长度。

3. 细牙普通螺纹，大径 8、螺距 1、左旋、中径和顶径公差带代号相同，外螺纹为 6f、内螺纹为 7H。

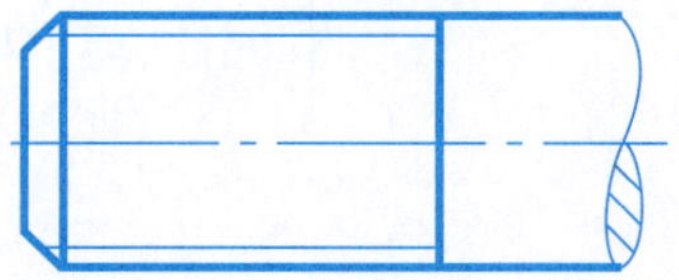

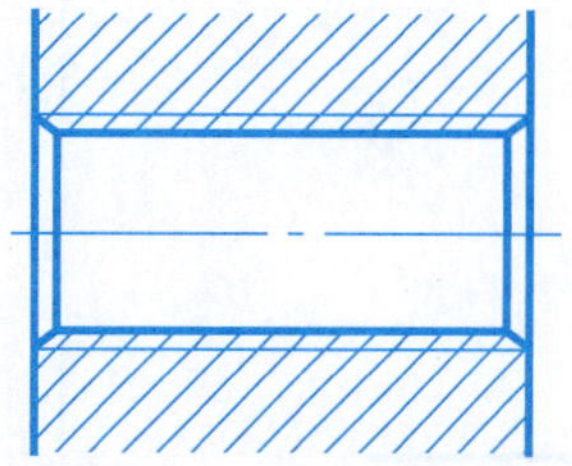

4. 英寸制管螺纹公称直径 3/4 英寸、右旋。查出它的大径、小径和螺距，并填入指定位置。

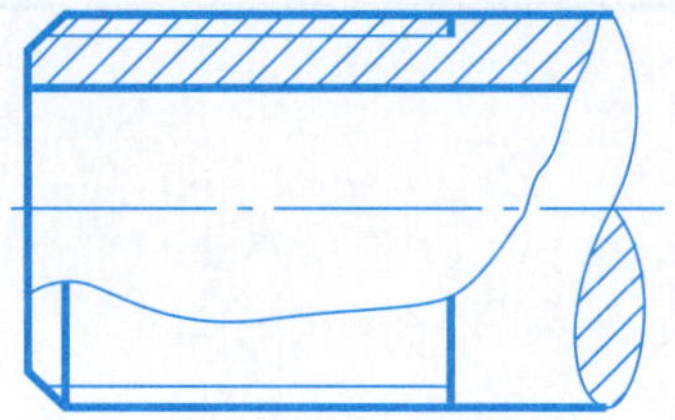

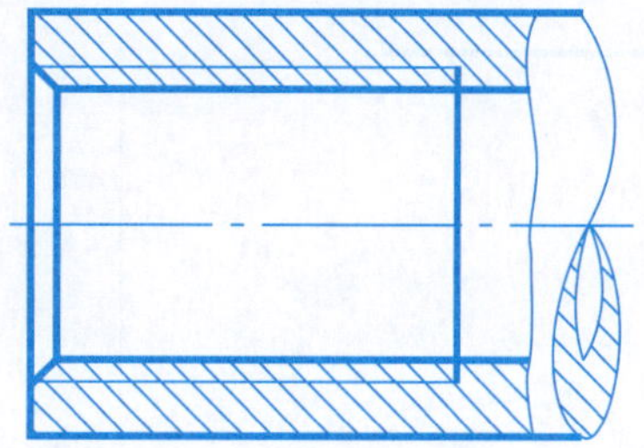

螺纹大径 =______　　螺纹小径 =______　　螺距 =______

8－2 按下列要求画出内、外螺纹，并进行标注

1. 在 $\phi 20$ 的圆柱左端制出一段长 30mm 的粗牙普通螺纹，中径、顶径的公差带代号均为 6g，倒角为 $2.5\times45°$；试画出螺杆的主、左视图（螺纹小径按 $0.85d$ 绘制），并标注上述尺寸。

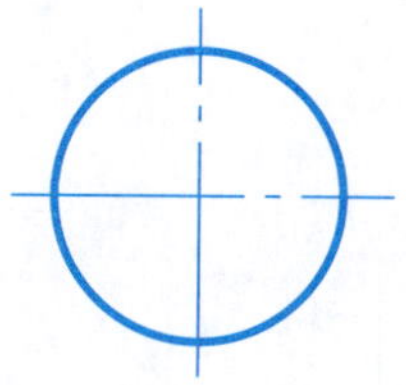

2. 已知零件左边制出一个粗牙普通螺纹的螺孔，公称直径为 20mm，中径和顶径的公差带代号均为 6H，螺孔深度为 30mm，钻孔深度为 36mm，试画出螺孔的主、左视图（主视图采用全剖视图，左视图不剖，钻孔直径按 $0.85d$ 绘制），并标注上述尺寸。

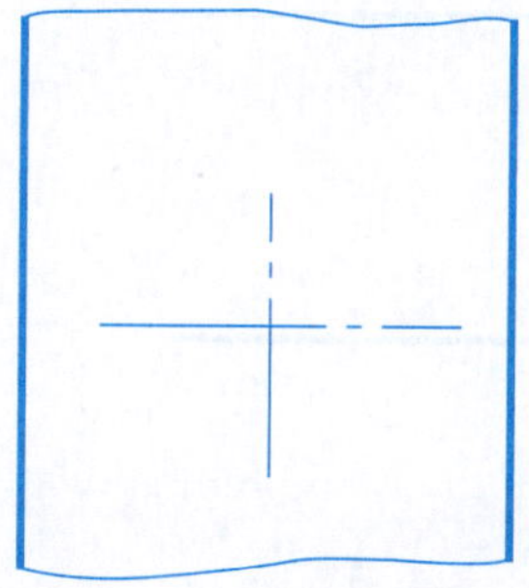

3. 将前两题中的螺杆和螺孔画成连接图，它们的旋合长度为 20mm。主、左视图采用全剖视图（剖切平面位置自选）。

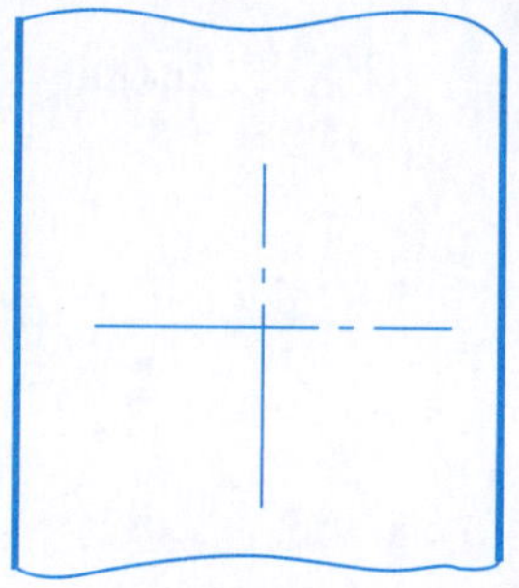

8-3 作螺栓、螺钉、双头螺柱装配图

1. 按比例画法画出螺栓装配图。已知：螺栓 GB/T 5780—2000 M16×55，螺母 GB/T 6170—2000 M16，垫圈 GB/T 97.1—2002 16。按 1：1 的比例完成螺栓装配图的三视图（主视图取全剖视）。

2. 已知：螺钉 GB/T 65—2000 M8×16，下板材料为铸铁，按 2：1 的比例画出螺钉装配图的两个视图（主视图取全剖视）。

3. 已知：双头螺栓 GB/T 899—2000 M12×30，螺母 GB/T 6170—2000 M12，垫圈 GB/T 97.1—2002 12，下板材料为铸铁。按 1：1 的比例完成螺柱装配图的两个视图（主视图取全剖视）。

班级	姓名	日期	审阅

8－4 已知圆柱齿轮模数 $m=5$，齿数 $z=40$，试计算该齿轮的分度圆、齿顶圆和齿根圆的直径。用1∶2 的比例完成下列两视图，并标注尺寸（齿轮倒角为1.5×45°）

8－5 圈出键连接装配图中的错误，将正确的画在下面，并完成下面的视图

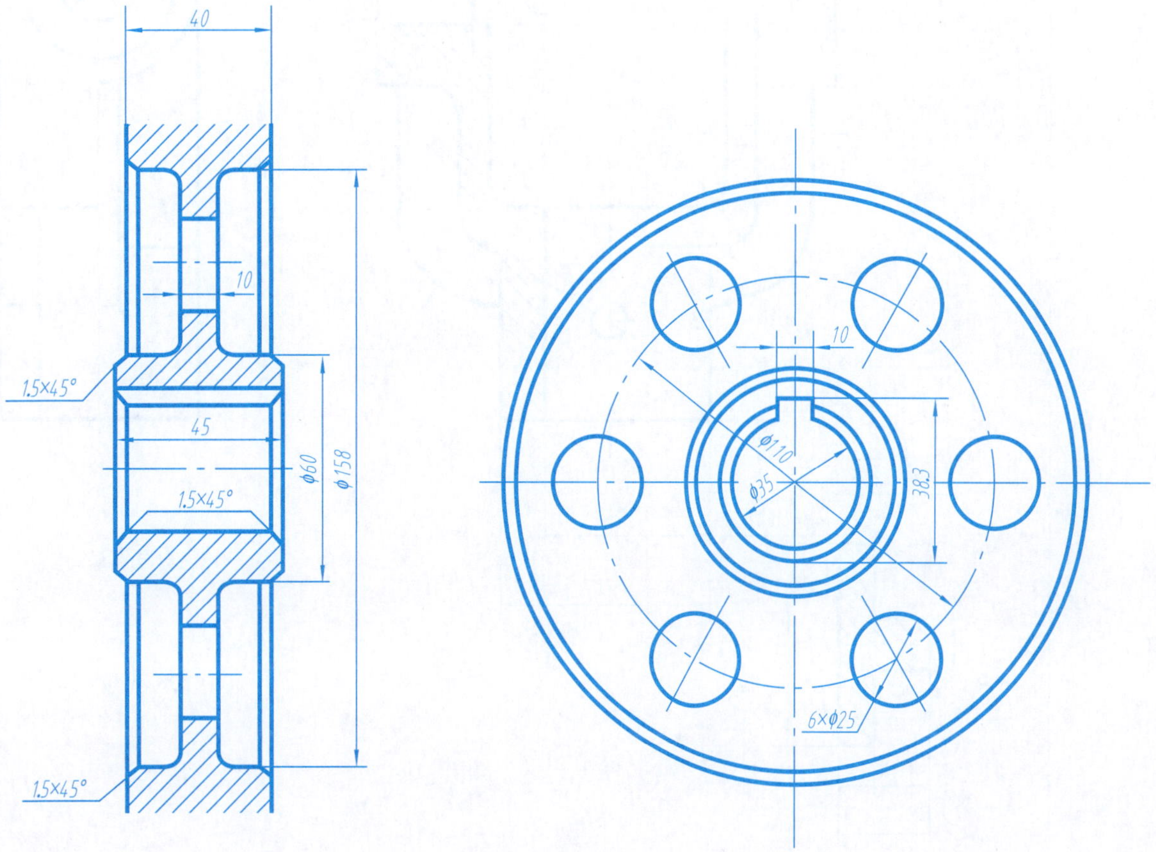

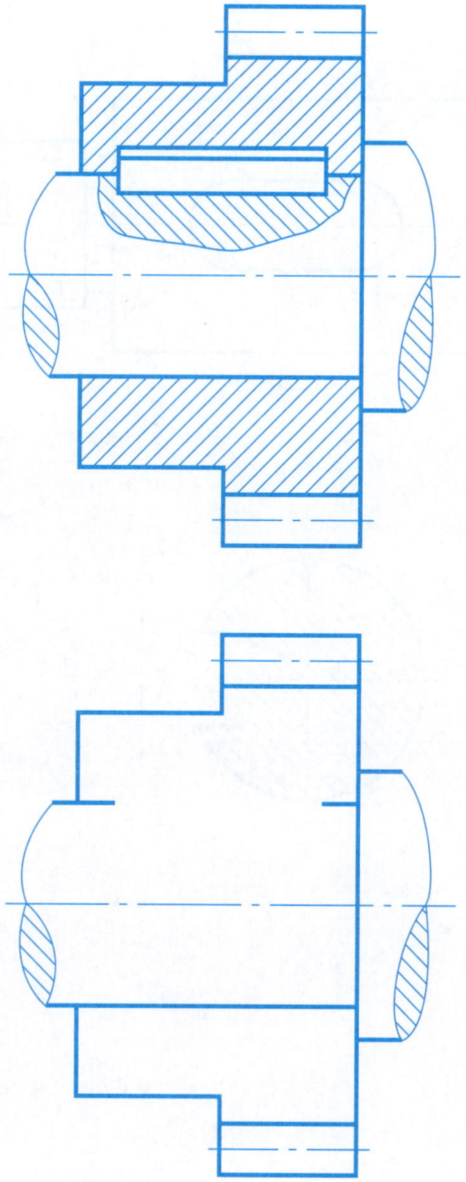

制图习题	班级	姓名	日期	审阅	53

9-1 确定轴、支架尺寸基准，注出图中所缺的尺寸

1. 用 *M* 和 *N* 指出轴向尺寸的主要基准和辅助基准，标出所遗漏的尺寸。

2. 用 *M*、*N*、*K* 指出长、宽、高方向的尺寸基准，标出遗漏的尺寸（从图中按 1：1 量得数值）。

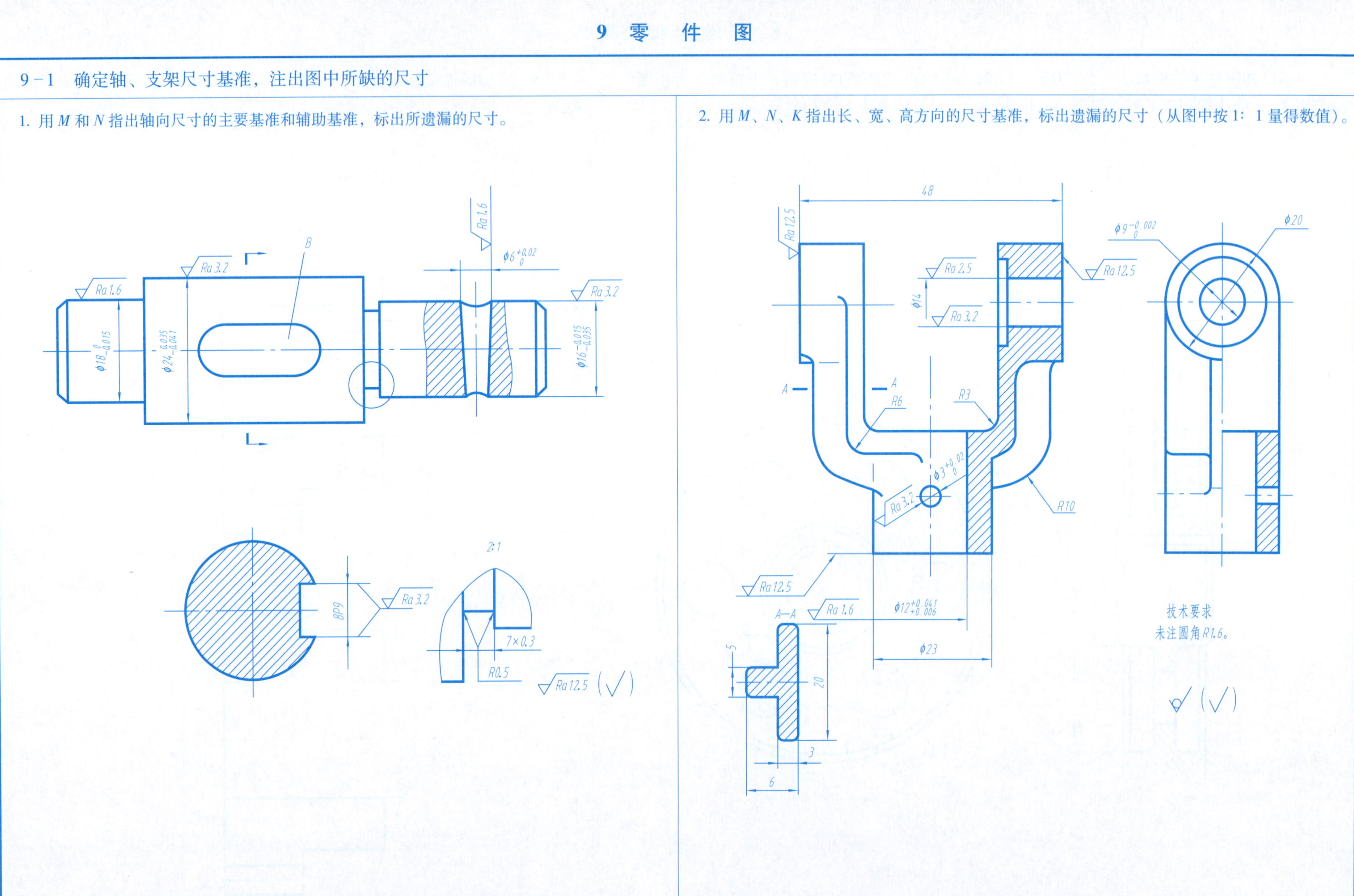

班级	姓名	日期	审阅

9－2 极限与配合练习

1. 根据 $\phi60$ 的孔、轴公差代号填空。

名称	公差代号	公称尺寸	上极限偏差	下极限偏差	上极限尺寸	下极限尺寸	基本偏差	标准公差	基本偏差标注
孔	$\phi60$H7								
轴	$\phi60$s6								

2. 解释配合代号的含义，查《机械制图（第二版）》附表 7 和附表 8 确定轴套和支架的上、下极限值，标注在对应图形中，填空。

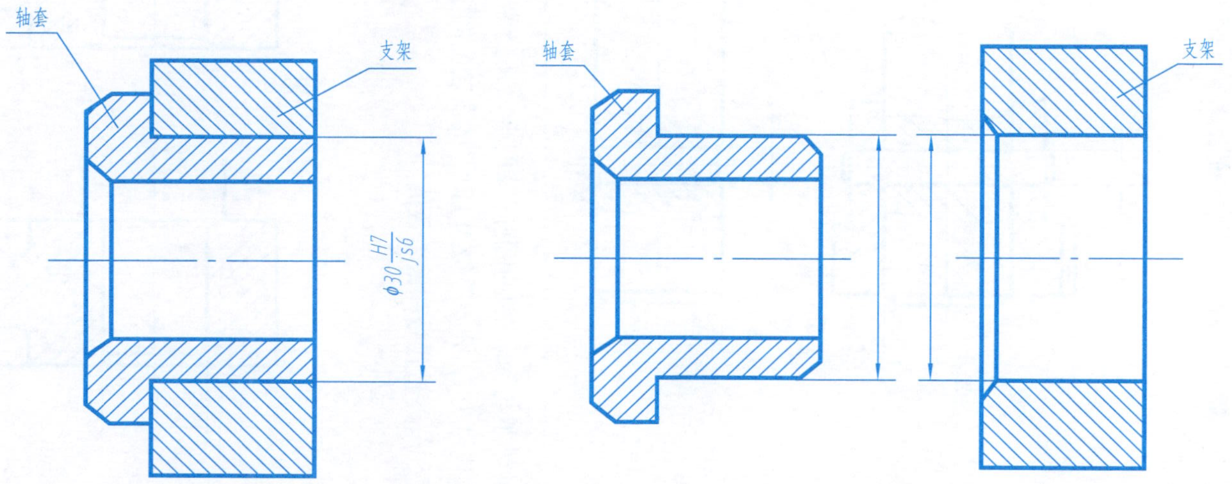

$\phi30\frac{H7}{js6}$：公称尺寸________、基________制、________配合；支架孔基本偏差________、公差等级________、IT ________；轴套外径基本偏差________、公差等级________、IT ________。

支架孔：上极限偏差________、下极限偏差________、上极限尺寸________、下极限尺寸________、合格尺寸________。

轴套外径：上极限偏差________、下极限偏差________、上极限尺寸________、下极限尺寸________、合格尺寸________。

9－3 公差标注

1. 由下列三个零件图上注出的尺寸和公差带代号，试在其装配图上标注出配合代号。

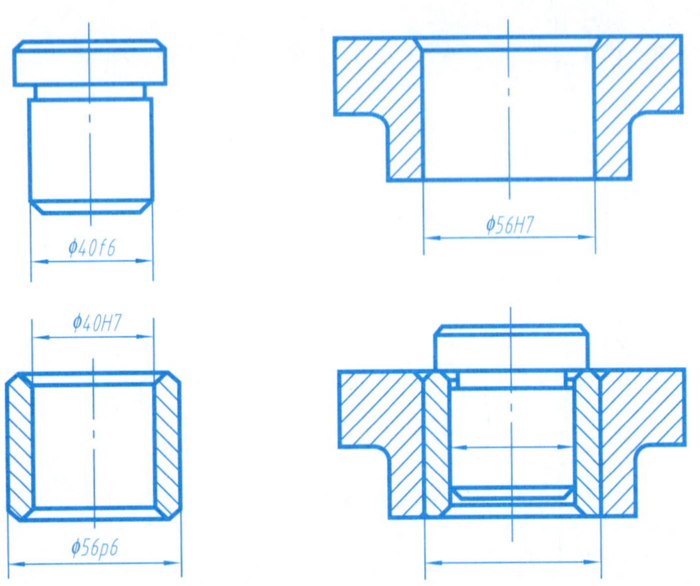

2. 根据装配图上的配合代号，说明配合基准制和配合种类，并分别在零件图上注出公称尺寸和偏差数值。

$\phi20\dfrac{H8}{h7}$： 基____制，______配合。 $\phi5\dfrac{H7}{n6}$： 基____制，______配合。

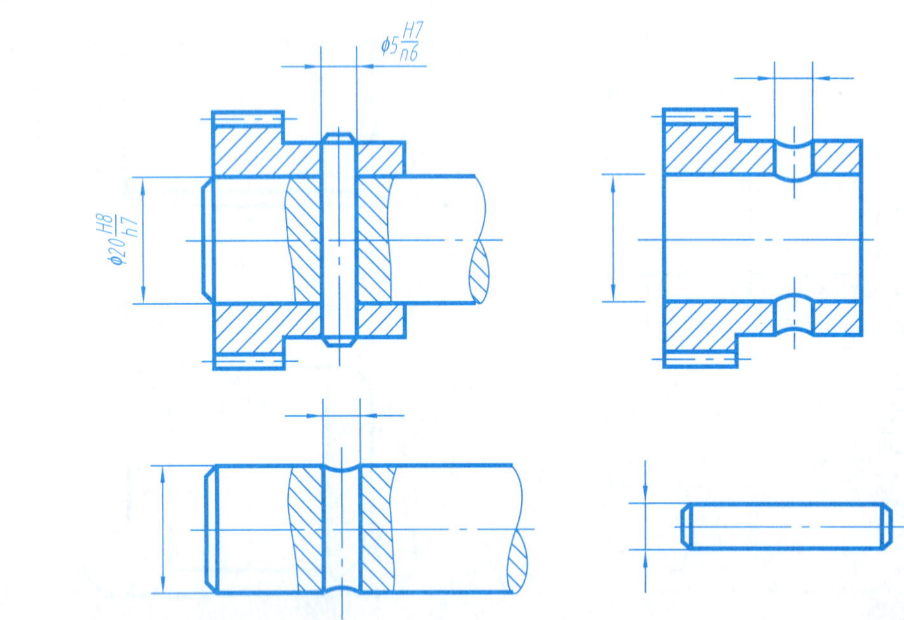

3. 根据装配图上的配合代号，说明配合基准制和配合种类，并分别在零件图上注出公称尺寸、公差带代号和偏差数值。

$\phi7\dfrac{H8}{h7}$： 基____制，______配合。 $\phi7\dfrac{F8}{h7}$： 基____制，______配合。

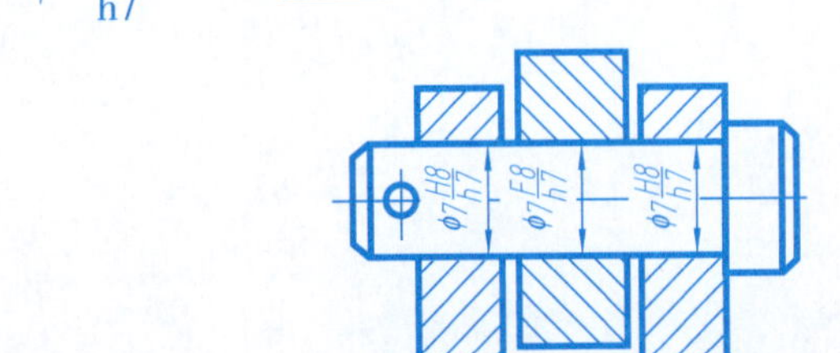

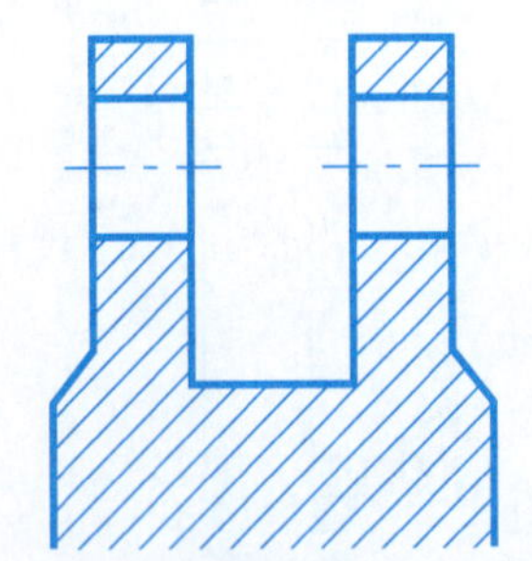

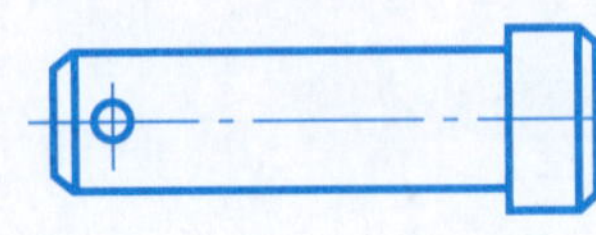

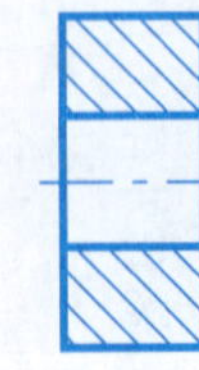

4. 滑动轴承与轴采用基孔制间隙配合，其公称尺寸为ϕ15。轴承孔的公差等级为IT8。轴颈的基本偏差代号为f，公差等级为IT7。试在装配图上注出公称尺寸和配合代号，并在零件图上注出公称尺寸、公差带代号和偏差数值。

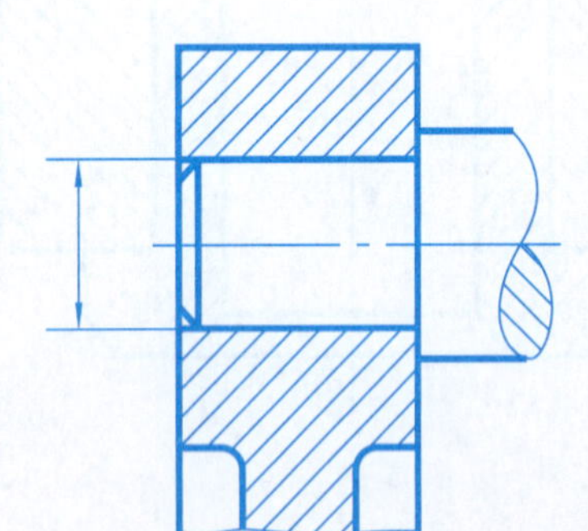

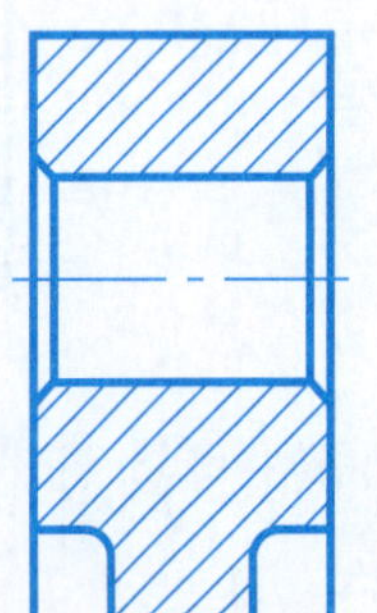

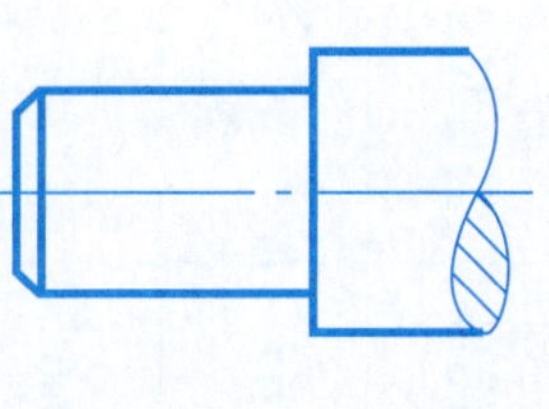

班级	姓名	日期	审阅

9－4 粗糙度练习

1. 分析表面粗糙度代号标注的正误，在下图按规定重新标出。

（1）

（2）

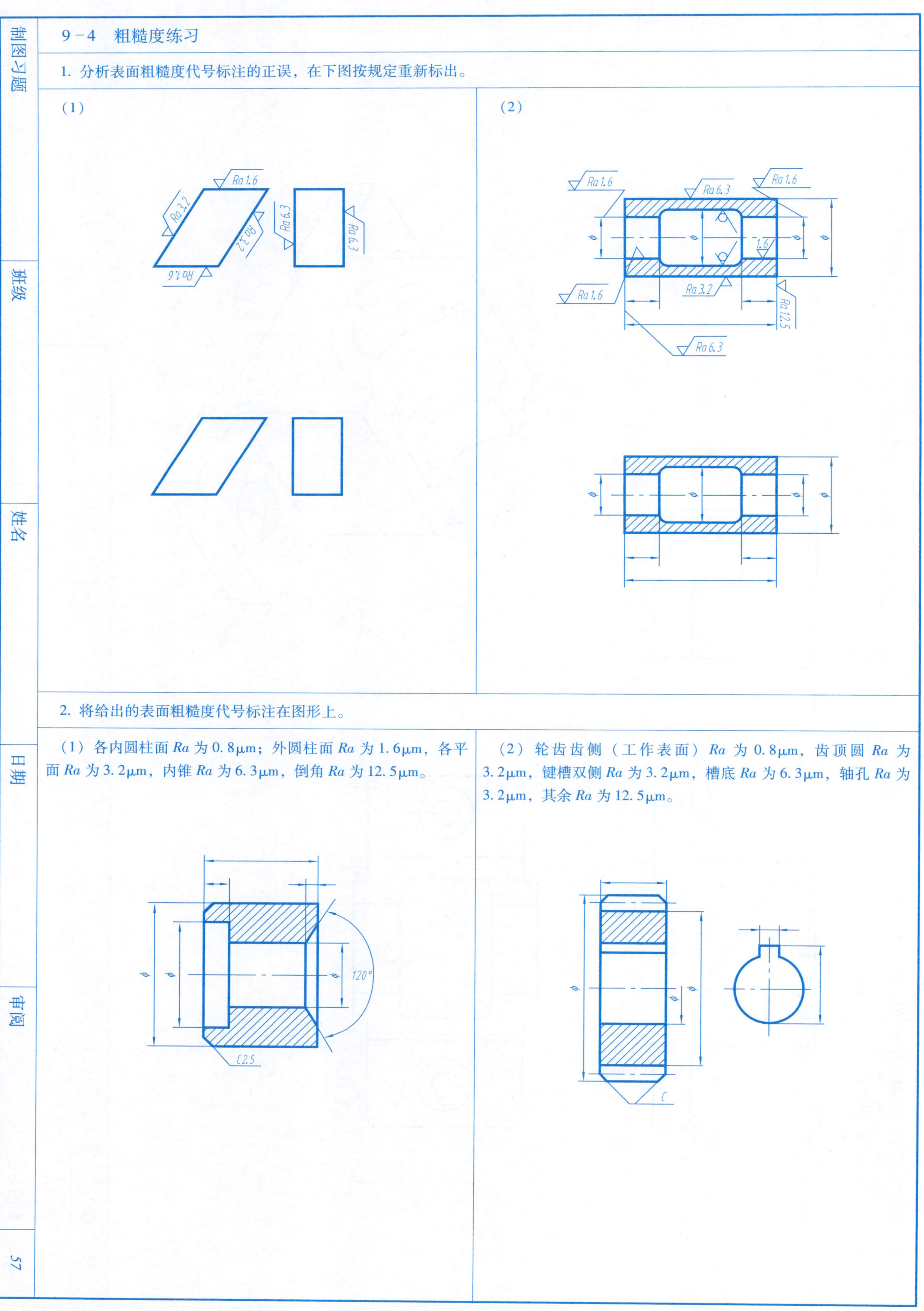

2. 将给出的表面粗糙度代号标注在图形上。

（1）各内圆柱面 *Ra* 为 0.8μm；外圆柱面 *Ra* 为 1.6μm，各平面 *Ra* 为 3.2μm，内锥 *Ra* 为 6.3μm，倒角 *Ra* 为 12.5μm。

（2）轮齿齿侧（工作表面）*Ra* 为 0.8μm，齿顶圆 *Ra* 为 3.2μm，键槽双侧 *Ra* 为 3.2μm，槽底 *Ra* 为 6.3μm，轴孔 *Ra* 为 3.2μm，其余 *Ra* 为 12.5μm。

9-5 根据所给定的表面粗糙度 *Ra* 值，用代号在图形上标注

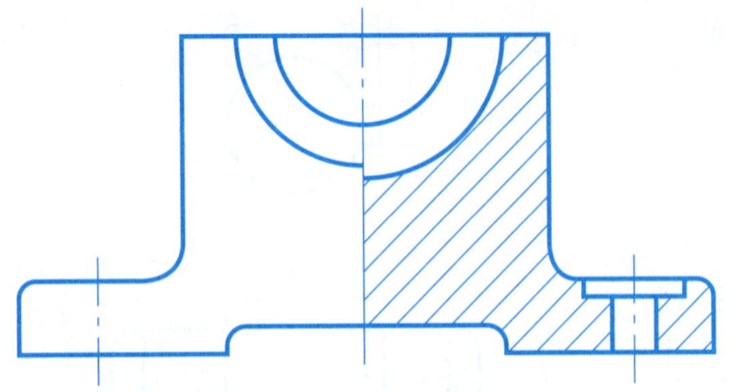

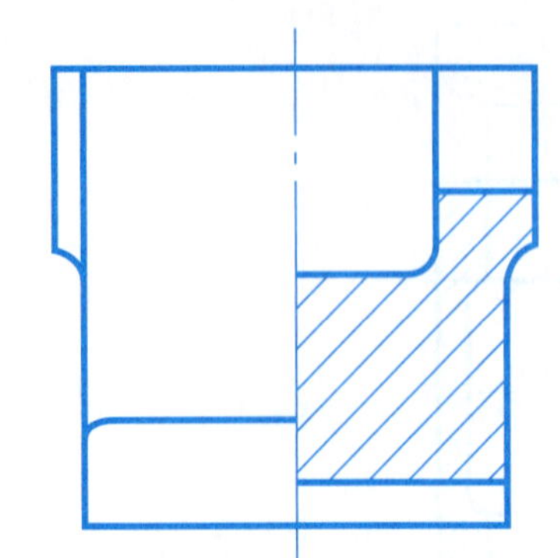

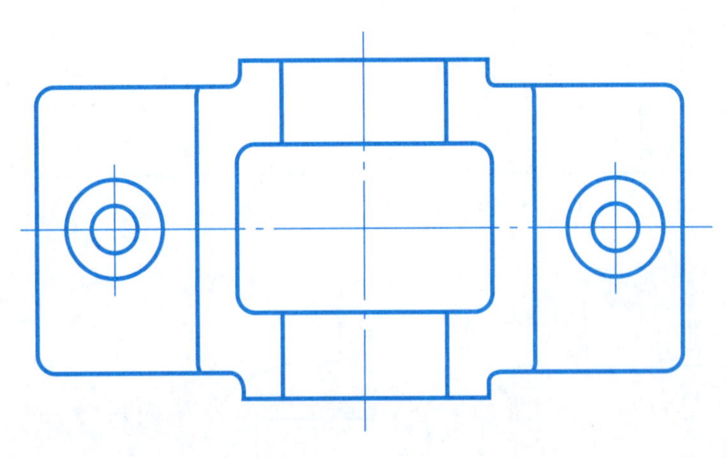

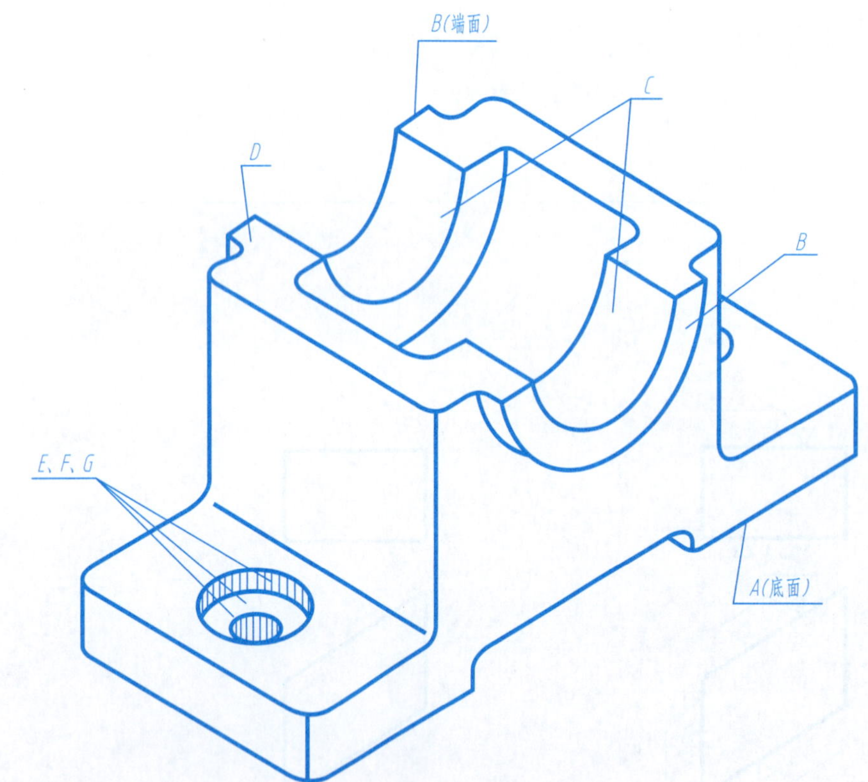

表面	A、B	C	D	E、F、G	其余
Ra 值（μm）	12.5	3.2	6.3	25	毛坯面

9－6 标注下列各图中几何公差代号

1.

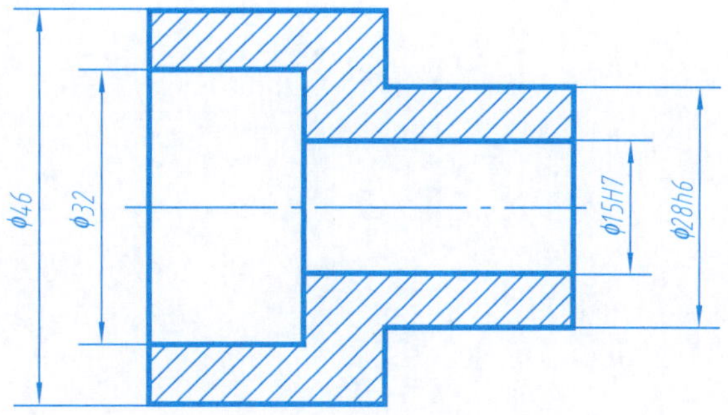

φ28h6 轴线对 φ15H7 轴线的同轴度 0.025。

2.

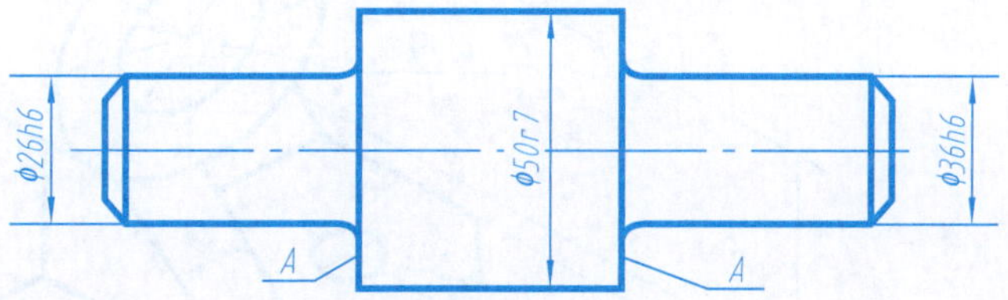

（1）轴肩 *A* 对 φ26h6 轴线的圆跳动 0.03；

（2）φ50r7 对 φ26h6 轴线的圆跳动 0.03。

3.

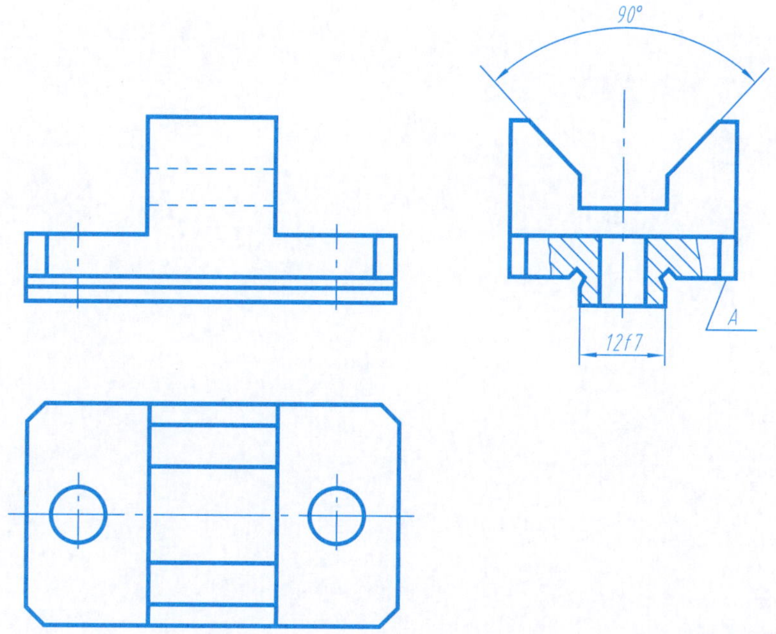

（1）平面 *A* 的平面度 0.04；

（2）12f7 对称平面对平面 *A* 的垂直度 0.01；

（3）90° V 形槽对 12f7 对称中心面的对称度 0.04。

9－7 根据轴测图绘制零件图（一）

1. 支架：ϕ20 通孔内表面，*Ra* 为 6.3μm，宽为 5 的铣口两侧面，*Ra* 为 12.5μm；底面 *Ra*12.5μm；2×ϕ14 及 ϕ7 通孔内表面，*Ra* 均为 25μm；其余表面的 *Ra* 为 63μm。

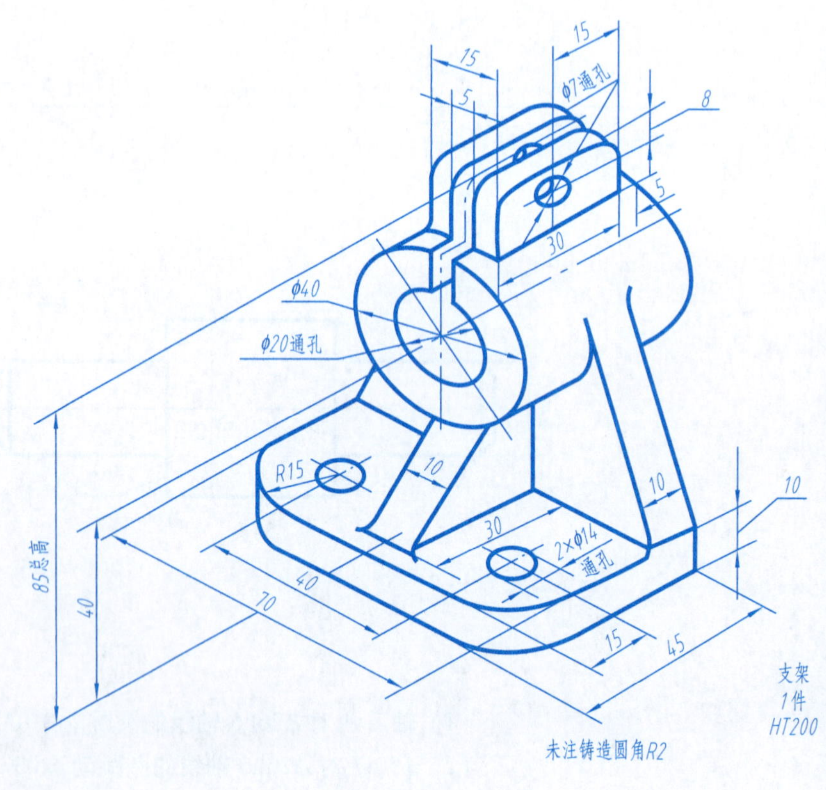

班级	姓名	日期	审阅

9－7 根据轴测图绘制零件图（二）

2. 输入轴：ϕ20k6 轴段表面，*Ra* 为 1.6μm；ϕ17h7 轴段表面，*Ra* 为 3.2μm；ϕ28 轴段轴肩端面，*Ra* 为 3.2μm；键槽两侧面，*Ra* 为 3.2μm；其余表面，*Ra* 均为 12.5μm。

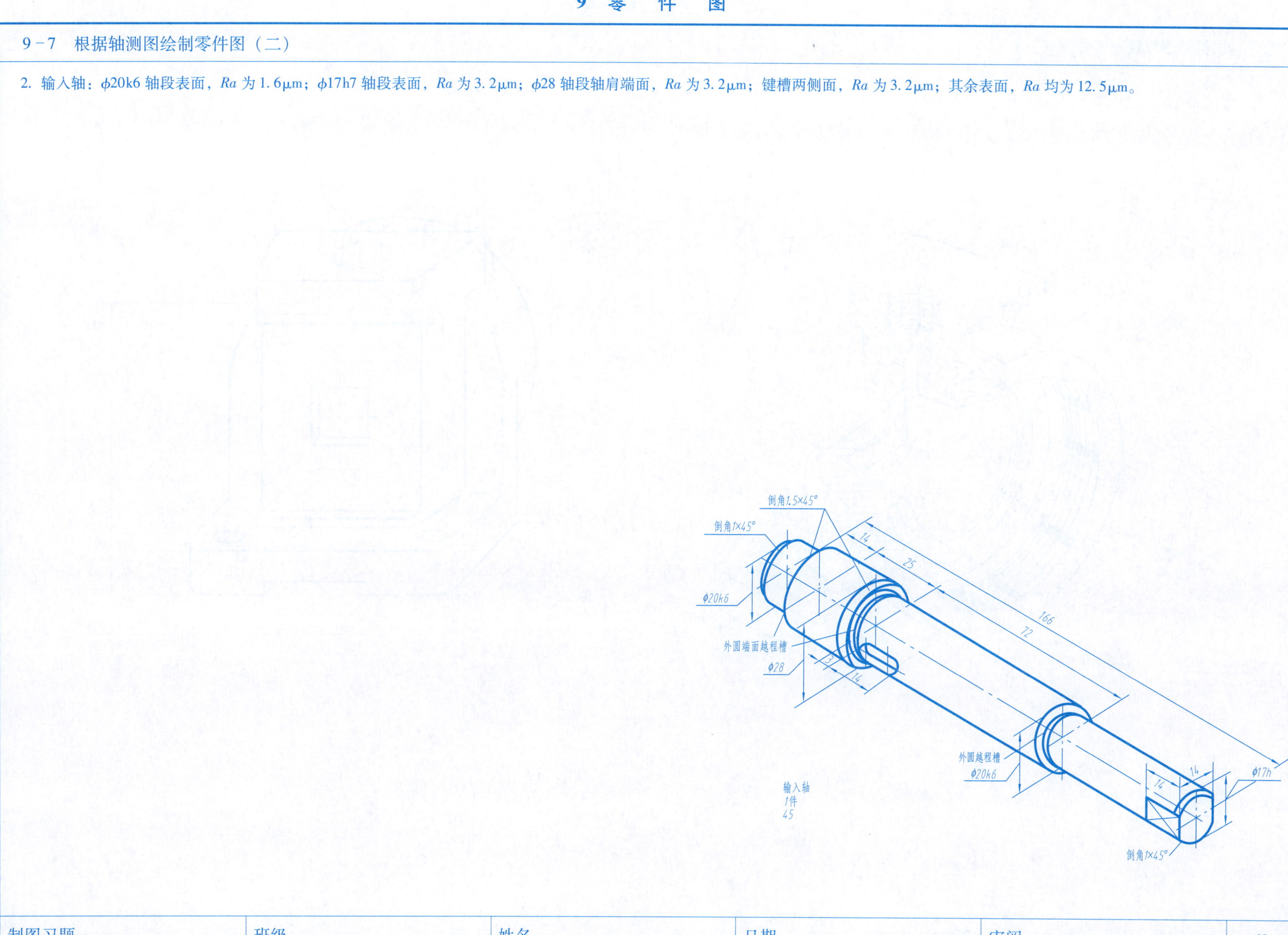

9-7 根据轴测图绘制零件图（三）

3.

4.

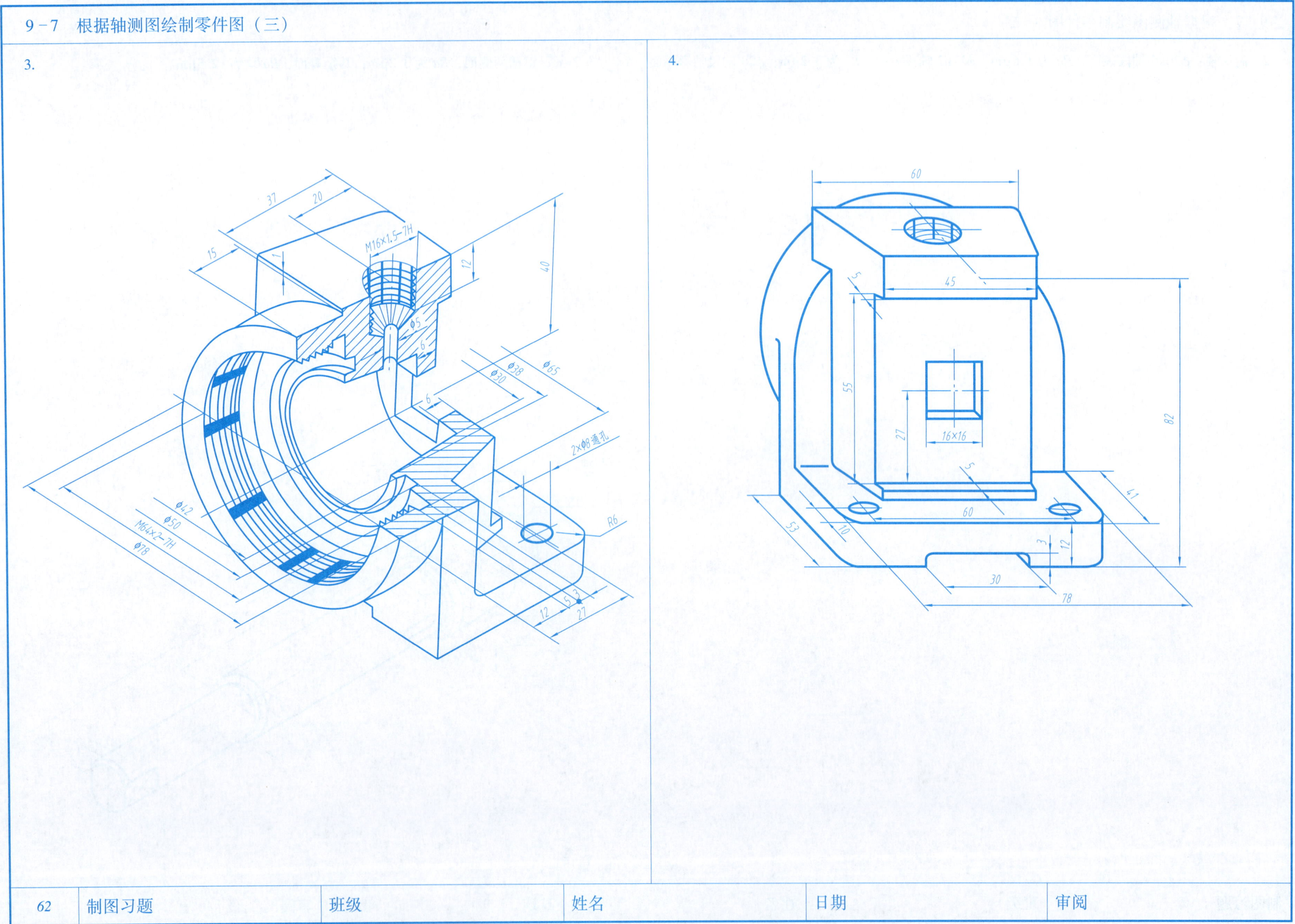

班级	姓名	日期	审阅

9-7 根据轴测图绘制零件图（四）

5. 阀体

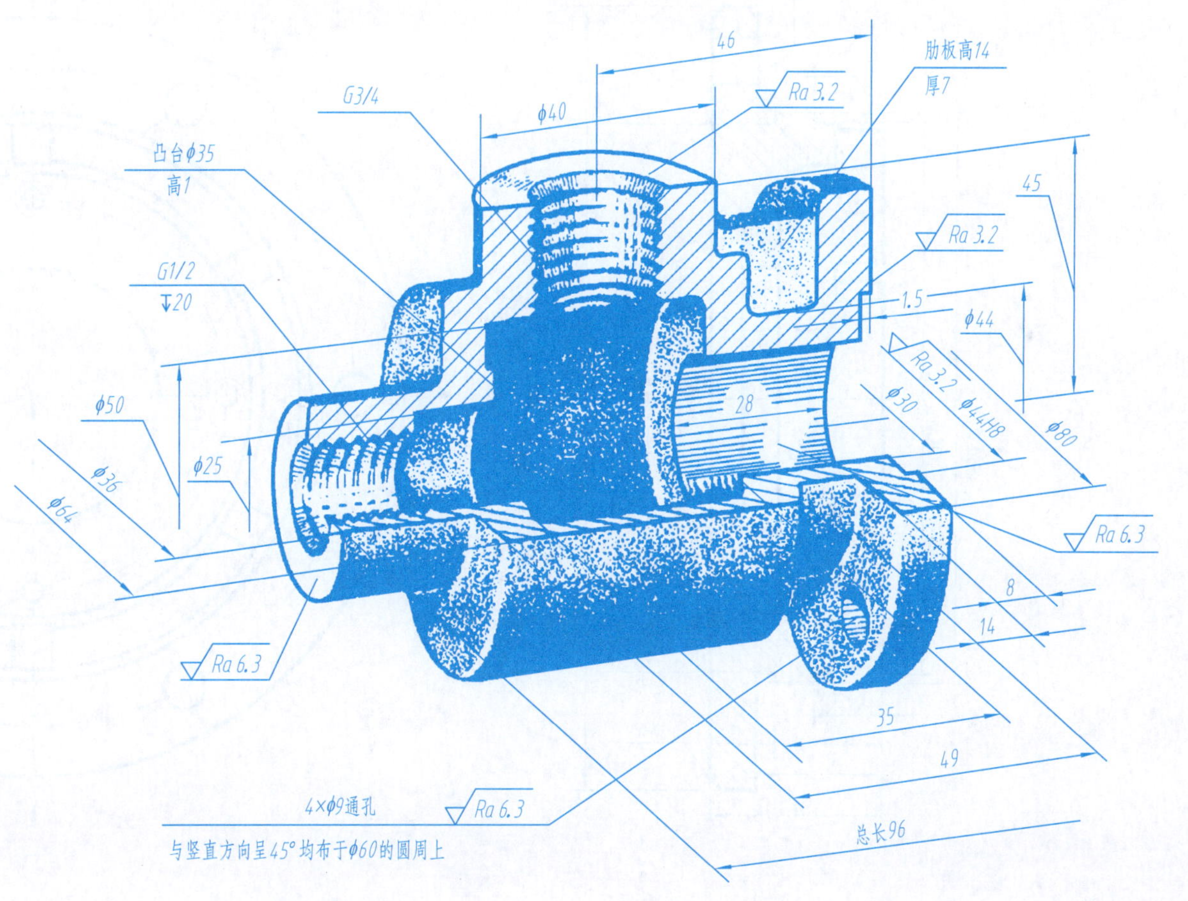

注：1. 未注铸造圆角R2～R3。

2. 倒角1×45°。

材料：HT200

9－8 看懂减速箱端盖零件图，想象其形状，在左侧空白处补画右视图，并回答问题

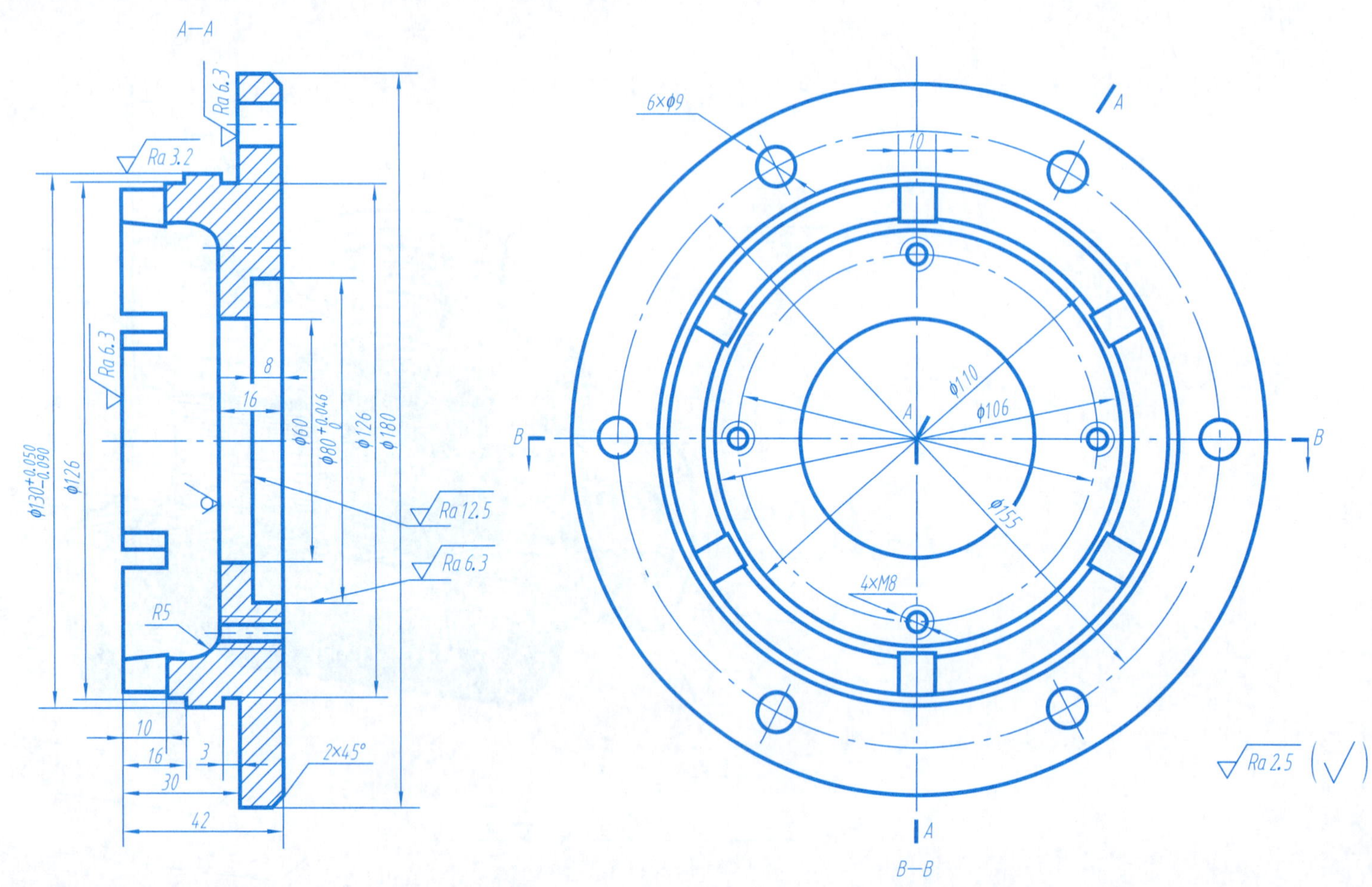

回答问题：

（1）零件的名称叫做________，比例________，材料________，数量________。

（2）主视图采用________剖视，零件的主要形体是________，有以下工艺结构：____。

（3）图上的________，________尺寸有公差要求，基本尺寸为________，________。最大极限尺寸为________，________；最小极限尺寸为________，________。

（4）表面要求最高的粗糙度代号为__________，最低为__________。

（5）左视图上所注宽为 10 的槽有________个，其深度为________。

（6）在指定位置上画出右视图（只要可见轮廓线）和 *B—B* 剖视图。

9－9 看零件图，回答问题

本零件图名称为凸轮支架，材料 HT150，件数 1。要求在读懂此零件图的基础上回答下列问题。

（1）作出俯视图及左视图（均只画外形）。

（2）此零件上加工最好的表面是________，最差的表面是________。

（3）在 ϕ16H7 及 ϕ20H6 后加注上、下偏差值。

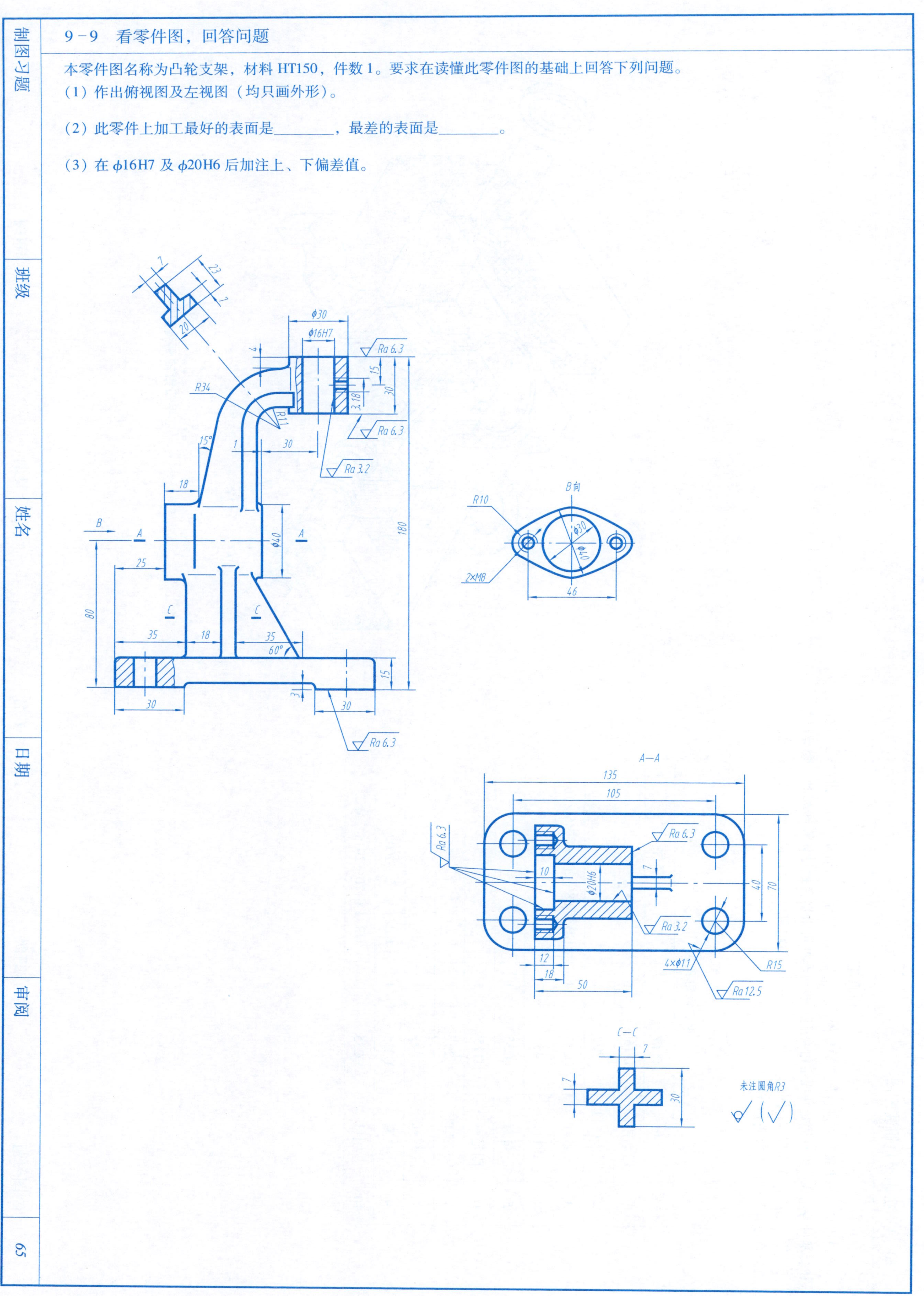

10－1 拼画平口钳装配图

工作原理

平口钳是用来夹持工件进行加工的部件。它主要由固定钳身、活动钳口、钳口板、丝杠和套螺母等组成。丝杠固定在固定钳身上。转动丝杠可带动套螺母作直线移动。套螺母与活动钳口用螺钉连成整体，因此，当丝杠转动时，活动钳口就会沿固定钳身移动。这样钳口闭合或开放用以夹紧或松开工件。

平口钳零件表

序号	名称	材料	数量	备注
1	活动钳口	HT150	1	
2	紧固螺钉	20	1	
3	螺钉	Q235	4	GB/T 68—2016 M6×16
4	钳口板	45	2	
5	垫圈	Q235	1	
6	固定钳身	HT150	1	
7	套螺母	20	1	
8	丝杠	45	1	
9	垫圈	Q235	1	GB/T 97.2—2002 12
10	螺母	Q235	2	GB/T 6170—2015 M12

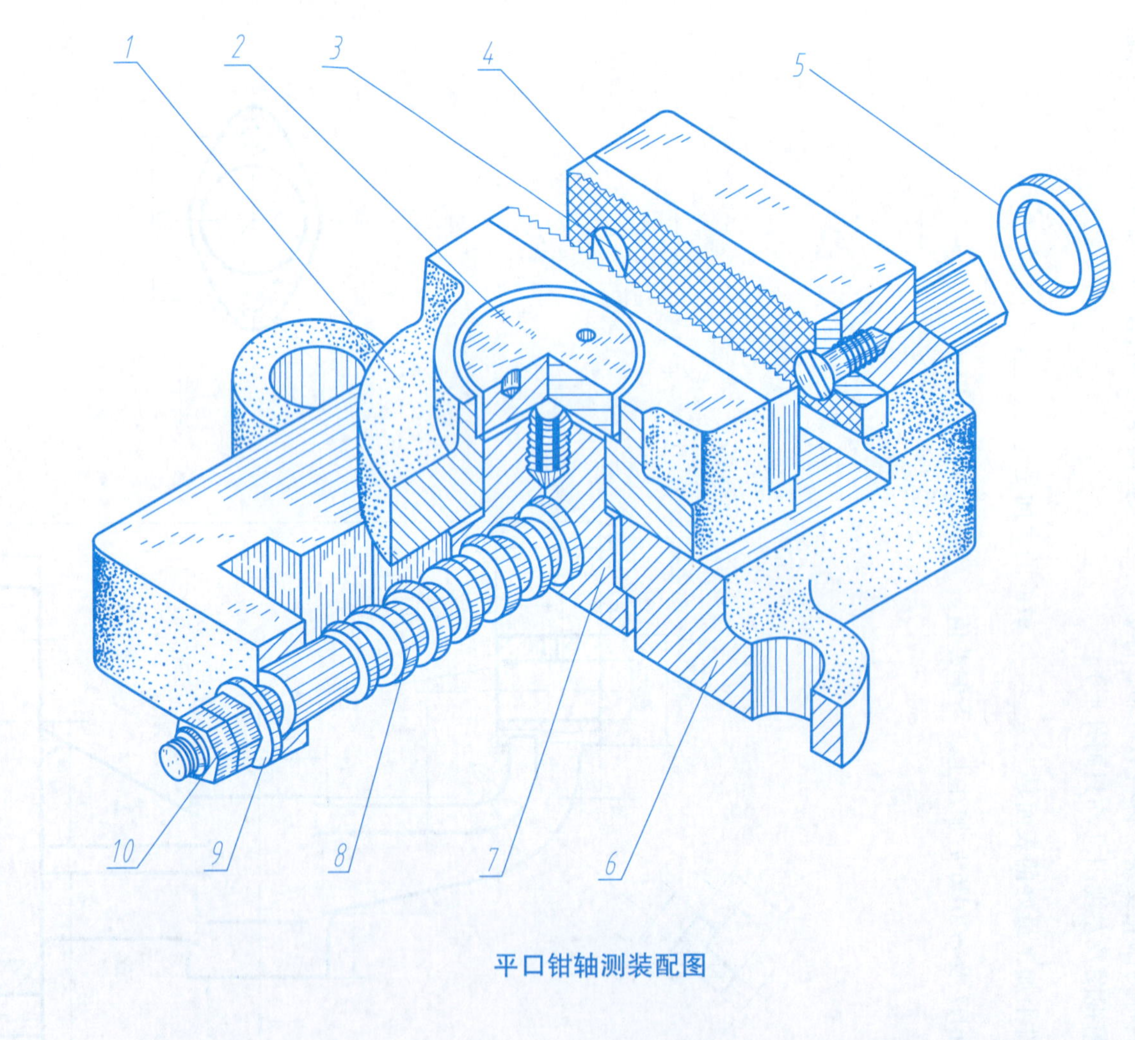

平口钳轴测装配图

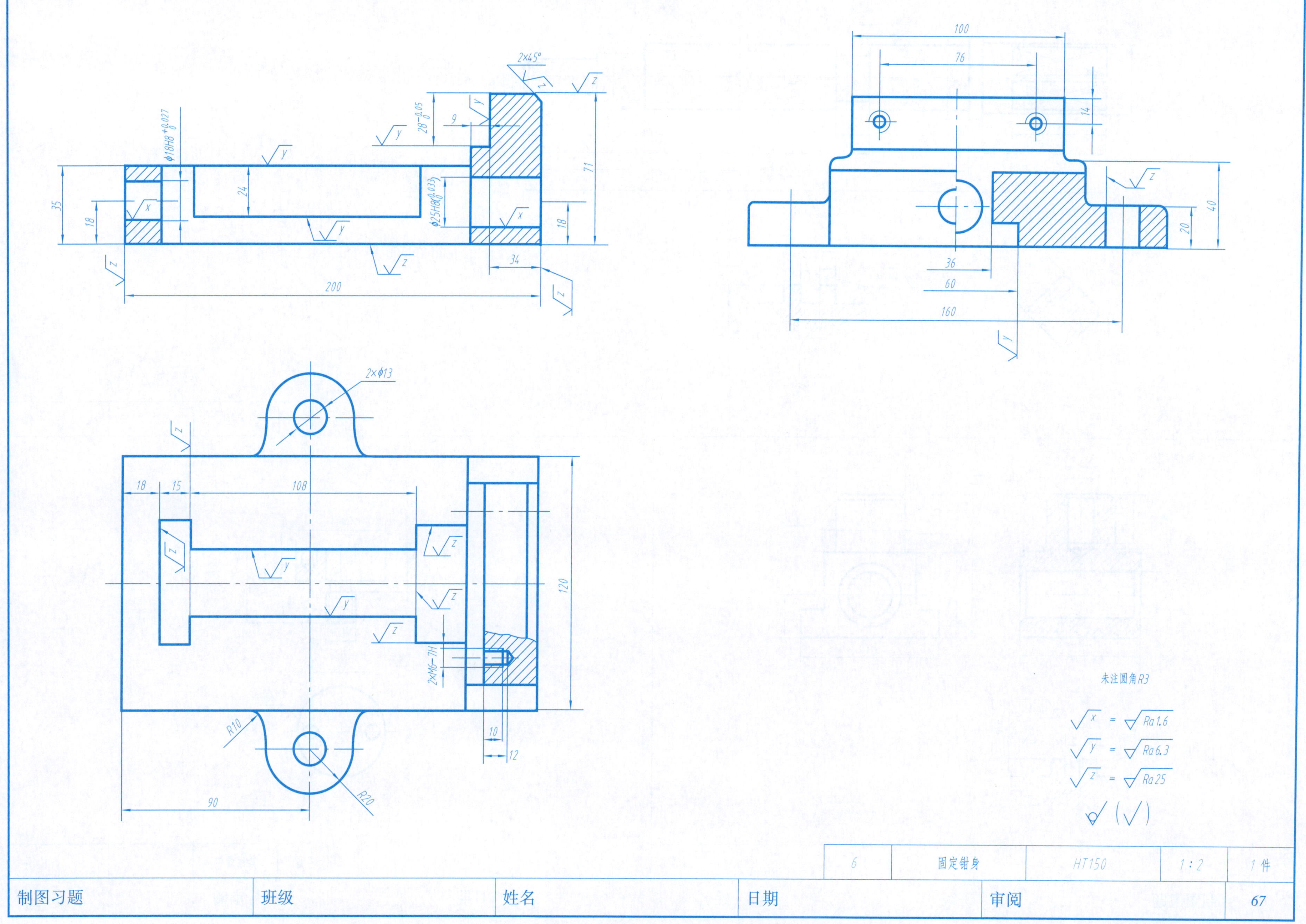

2×45°
28$^{\ 0}_{-0.05}$
9
ϕ18H8$^{+0.027}_{\ 0}$
ϕ25H8$^{+0.033}_{\ 0}$
35
18
24
71
18
34
200
100
76
14
40
20
36
60
160
2×ϕ13
18
15
108
120
2×M6-7H
R10
R20
10
12
90
未注圆角R3
x = Ra1.6
y = Ra6.3
z = Ra25
6
固定钳身
HT150
1:2
1件
制图习题
班级
姓名
日期
审阅

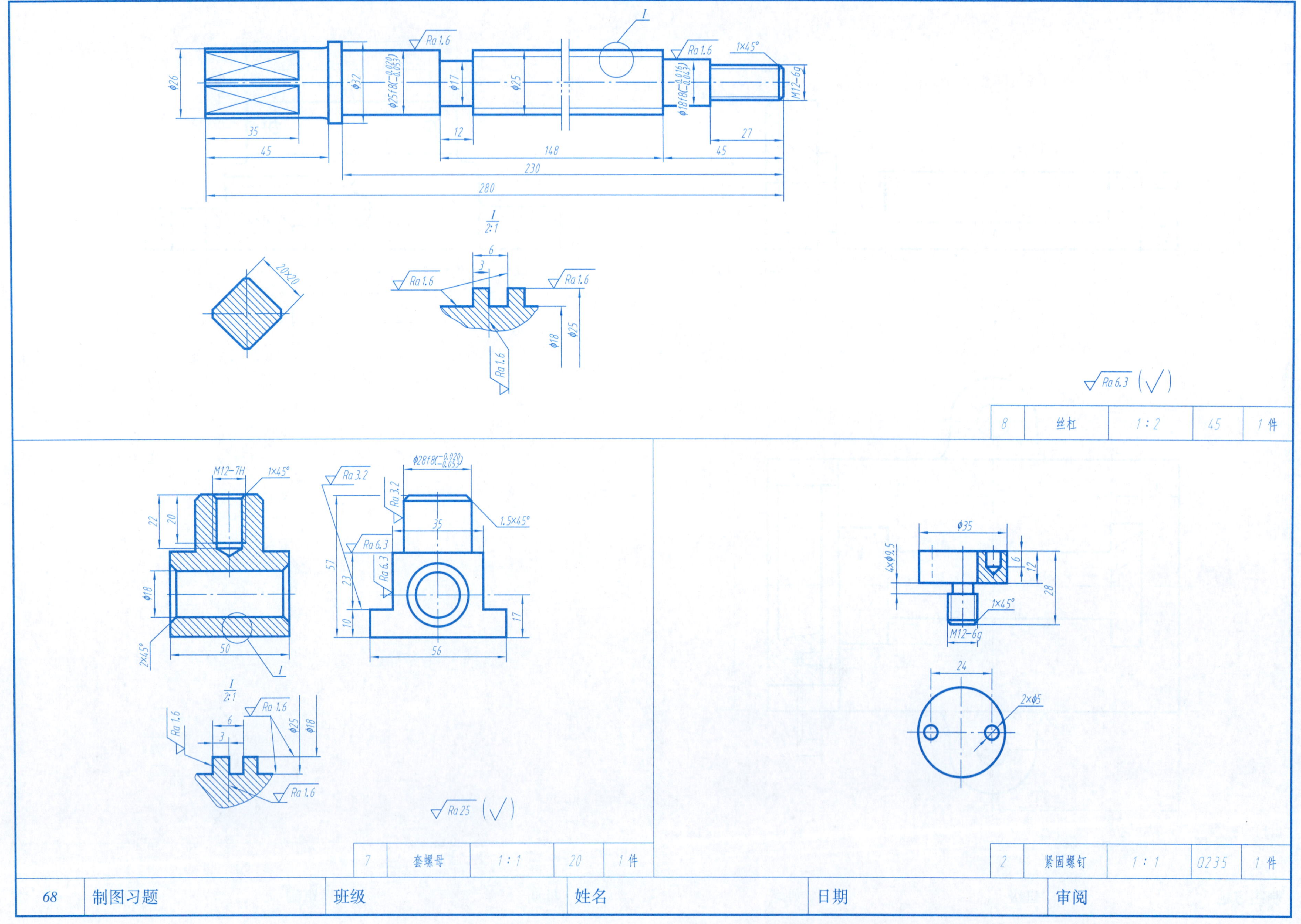
Ra 1.6
1×45°
ϕ26
ϕ32
ϕ25f8(−0.020/−0.053)
ϕ17
ϕ25
ϕ18f8(−0.016/−0.043)
M12−6g
35
45
12
148
27
45
230
280
20×20
I
2:1
6
3
ϕ18
ϕ25
Ra 6.3 (√)
8 丝杠 1:2 45 1件
M12−7H
1×45°
22
20
ϕ18
2×45°
50
I
ϕ28f8(−0.020/−0.053)
Ra 3.2
1.5×45°
35
Ra 6.3
57
23
10
17
56
Ra 25 (√)
7 套螺母 1:1 20 1件
ϕ35
4×ϕ9.5
6
12
28
1×45°
M12−6g
24
2×ϕ5
2 紧固螺钉 1:1 Q235 1件

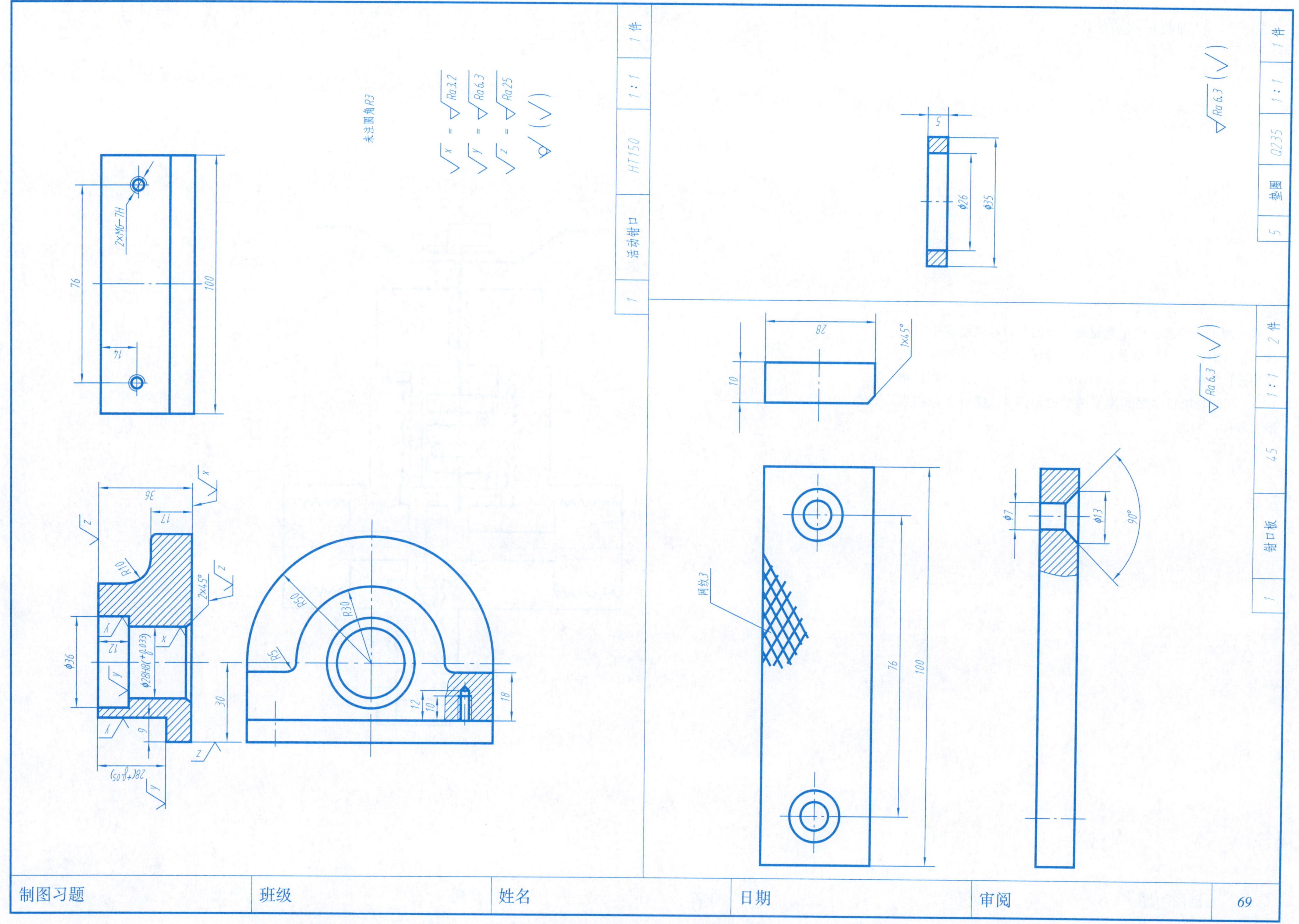

活动钳口
HT150
1:1
1件
未注圆角R3
Ra3.2
Ra6.3
Ra25
2×M6—7H
76
100
14
36
17
R10
2×45°
R50
R30
R5
φ36
12
φ28H8
30
12
10
18
9
垫圈
Q235
5
φ26
φ35
钳口板
45
2件
28
1×45°
10
网纹3
76
100
φ7
φ13
90°

10－2 拼画截止阀装配图

工作原理

截止阀工作原理：截止阀是用于采油井口输流装置中的一种小型控制阀。当转动手轮 7 时，阀杆 3 通过与填料盒 6 的螺纹连接阀杆便上下移动以启闭阀门。为了密封采用密封垫片 5，阀杆与填料盒之间用了两个密封圈 4，螺钉 2 是用来泄去液体压力的。

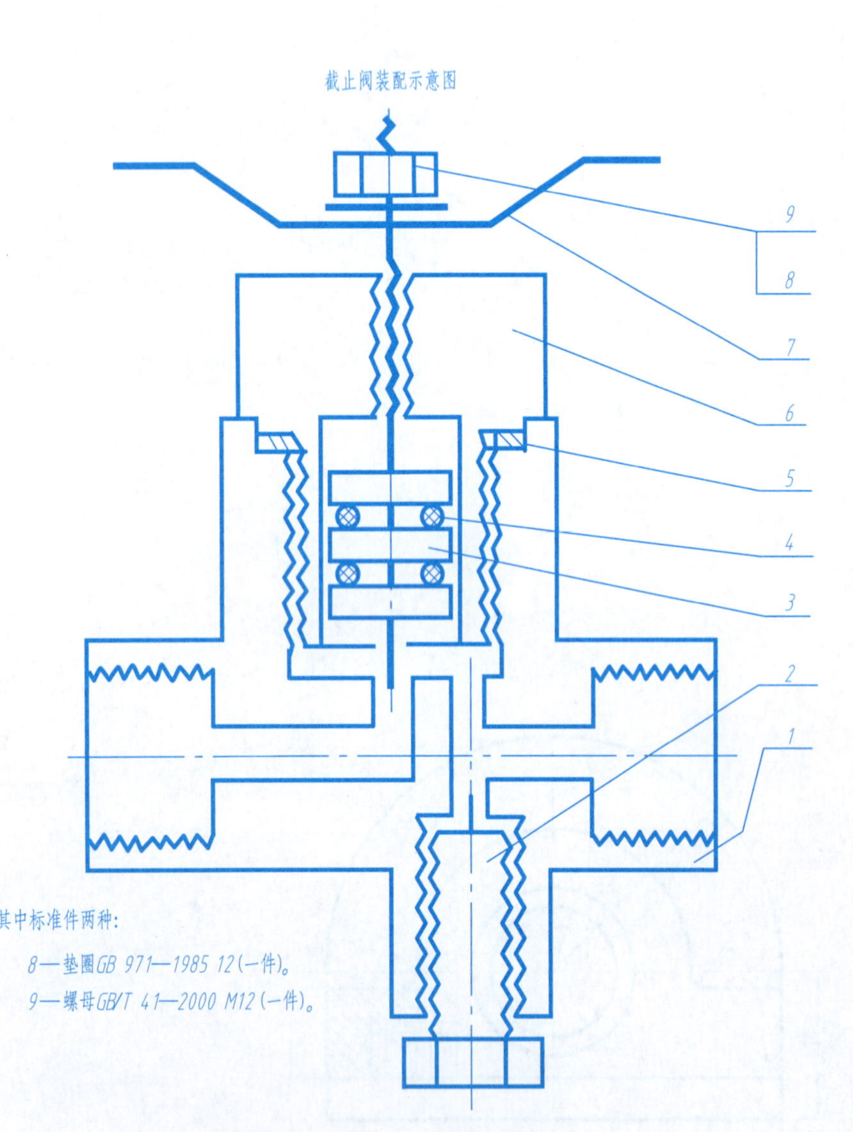

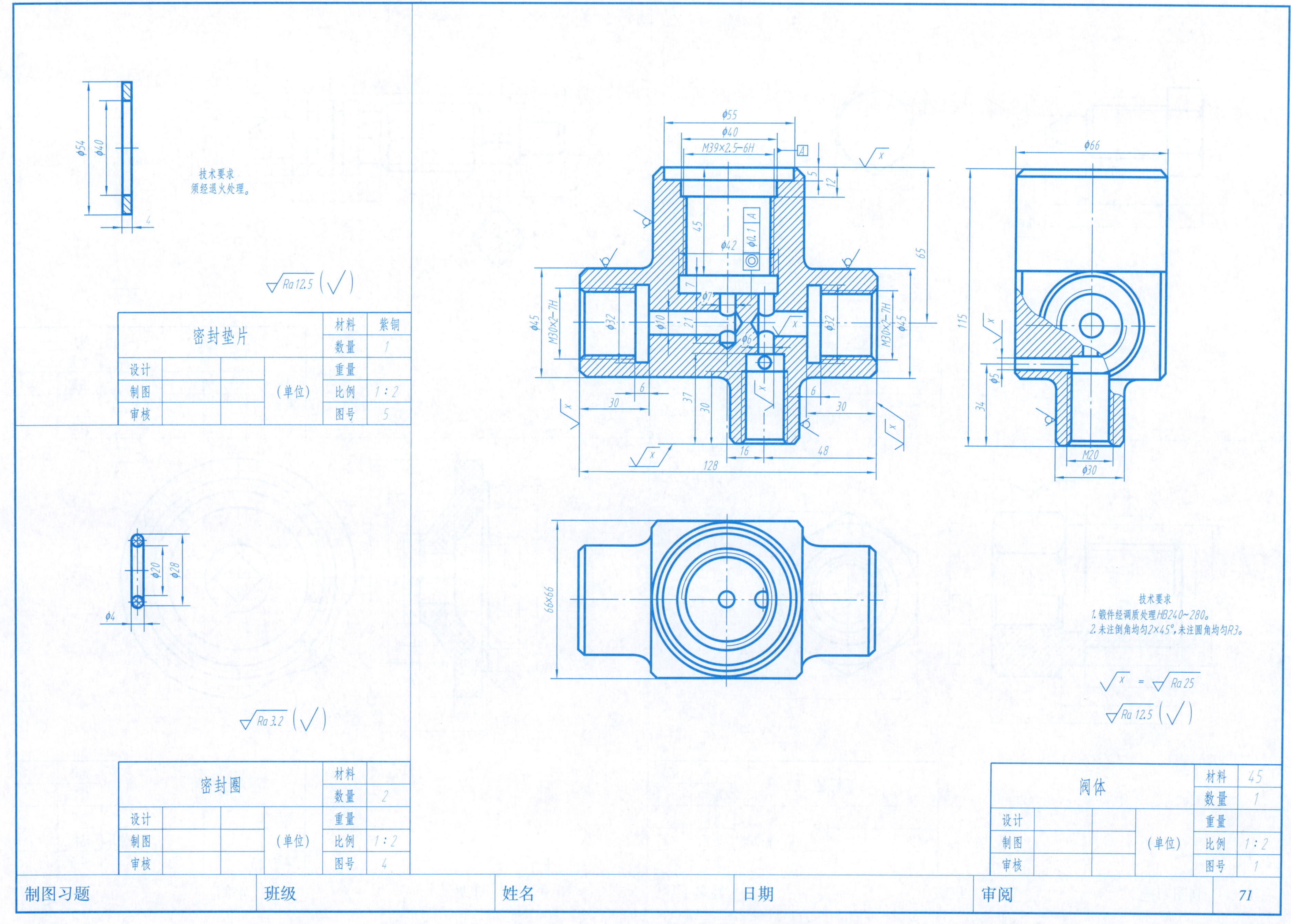

ϕ54
ϕ40
4
技术要求
须经退火处理。
Ra 12.5 (√)
密封垫片
材料 紫铜
数量 1
重量
比例 1:2
图号 5
设计
制图
审核
(单位)
ϕ20
ϕ28
ϕ4
Ra 3.2 (√)
密封圈
材料
数量 2
重量
比例 1:2
图号 4
设计
制图
审核
(单位)
ϕ55
ϕ40
M39×2.5-6H
A
ϕ0.1 A
ϕ42
45
5
12
65
7
ϕ7
ϕ10
21
ϕ6
ϕ32
ϕ45
M30×2-7H
6
30
37
30
16
48
128
ϕ66
115
ϕ5
34
M20
ϕ30
66×66
技术要求
1.锻件经调质处理HB240~280。
2.未注倒角均匀2×45°,未注圆角均匀R3。
x = Ra 25
Ra 12.5 (√)
阀体
材料 45
数量 1
重量
比例 1:2
图号 1
设计
制图
审核
(单位)
制图习题
班级
姓名
日期
审阅

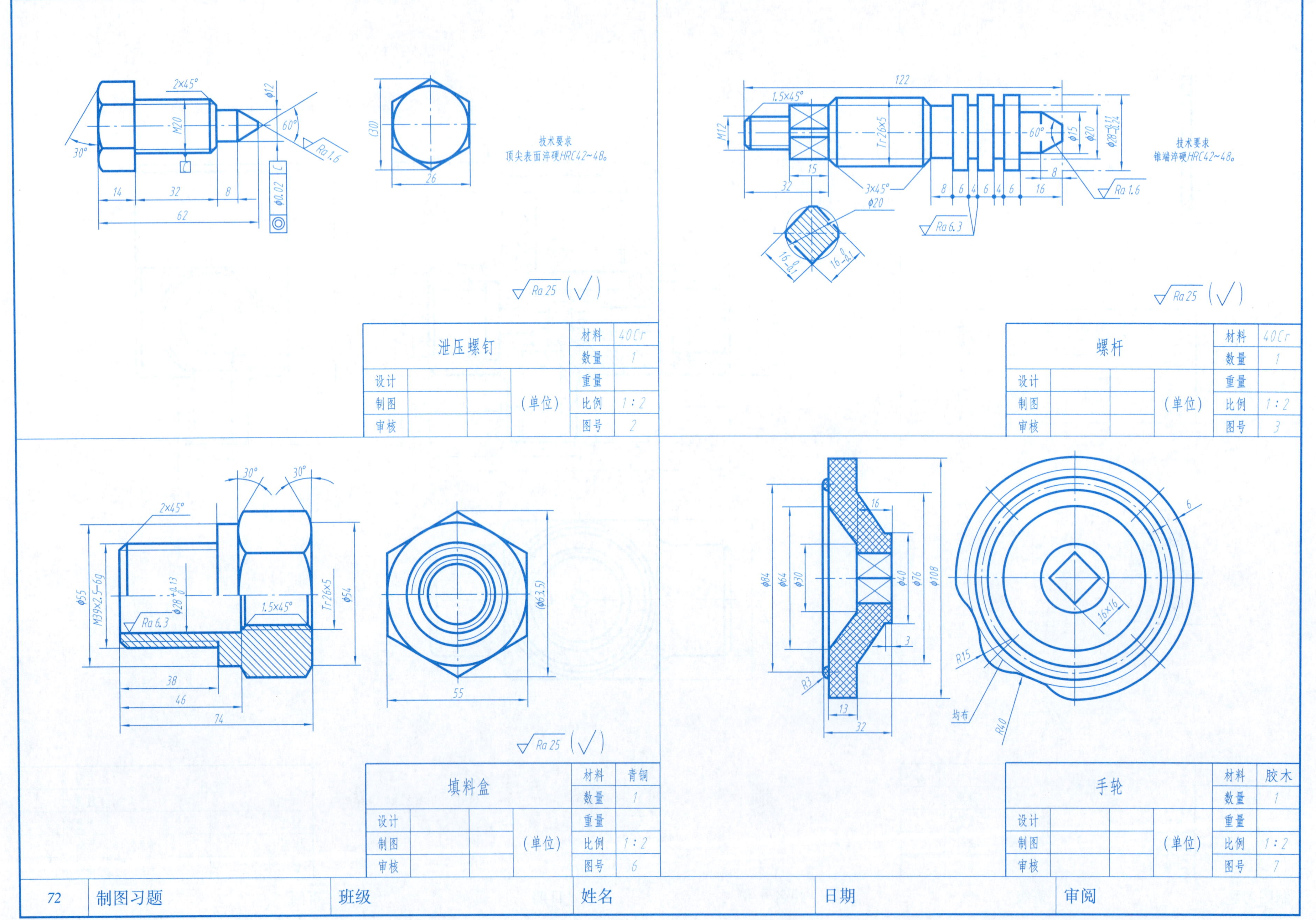
技术要求
顶尖表面淬硬HRC42~48。
泄压螺钉
材料 40Cr
数量 1
重量
比例 1:2
图号 2
设计
制图
审核
(单位)
技术要求
锥端淬硬HRC42~48。
螺杆
材料 40Cr
数量 1
重量
比例 1:2
图号 3
设计
制图
审核
(单位)
填料盒
材料 青铜
数量 1
重量
比例 1:2
图号 6
设计
制图
审核
(单位)
手轮
材料 胶木
数量 1
重量
比例 1:2
图号 7
设计
制图
审核
(单位)
均布

10－3 由装配图拆画零件图

一、作业要求

由给出的旋塞装配图，拆画出壳体 1 的零件图。采用 1∶1 比例，A3 图幅。

二、旋塞的用途及作用原理

旋塞是装在管路中控制管路通与不通的装置。用手柄（图中未示出）转动塞子 2 使其矩形孔对准壳体 1 中的管口时，则管路畅通，如旋塞装配图所示的情况。当用手柄将塞子转过 90°后，使塞子堵住壳体的管口，则管路不通。

为了防止管路中液体从旋塞外漏，由盖 5，压盖 8，填料 4 等组成密封装置。盖 5 与壳体 1 用螺栓 7 连接，压盖 8 与盖 5 用螺栓连接，旋紧压盖上的螺母 6，可压紧填料，以保证密封。

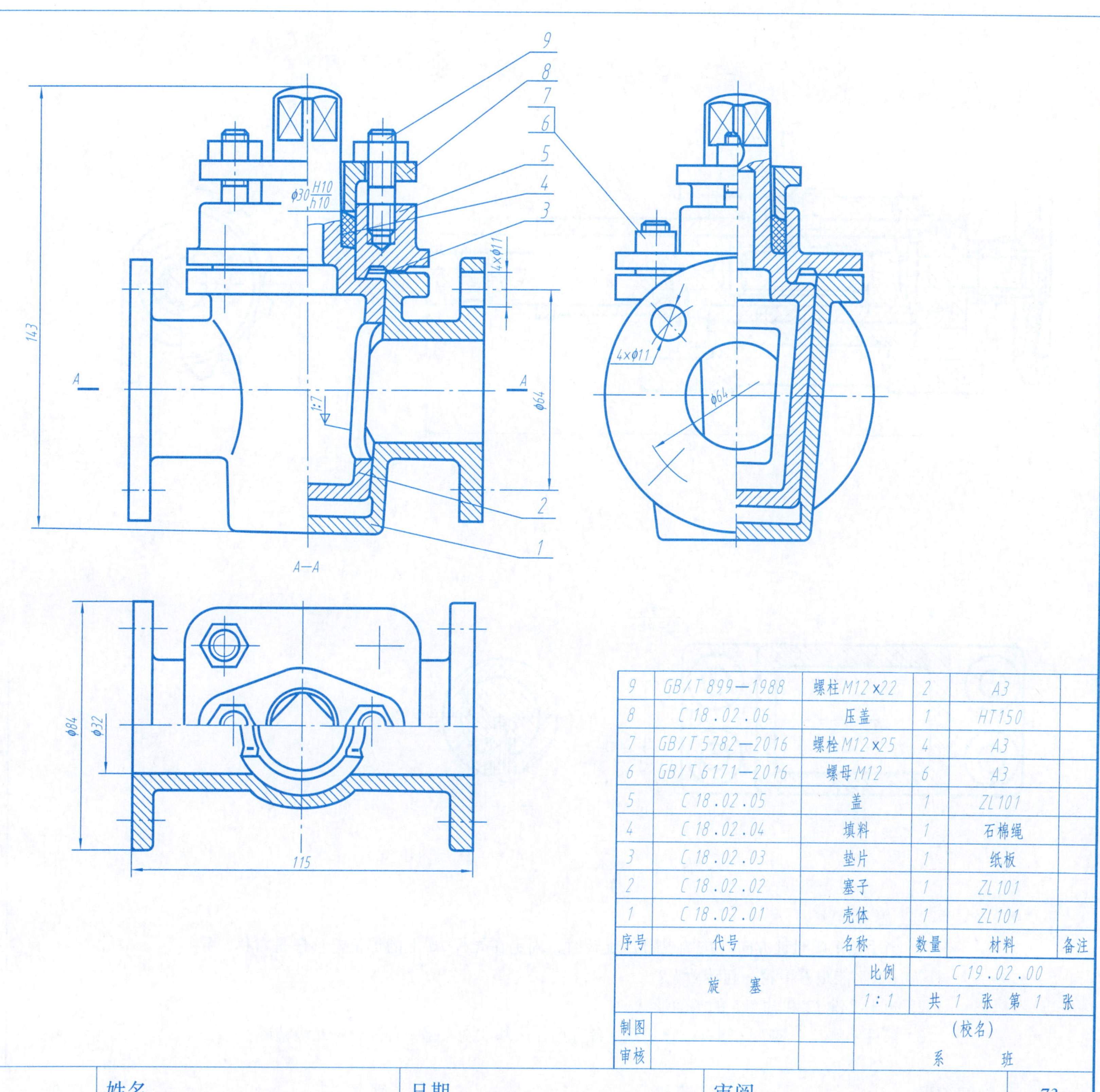

9	GB/T 899—1988	螺柱 M12×22	2	A3	
8	C18.02.06	压盖	1	HT150	
7	GB/T 5782—2016	螺栓 M12×25	4	A3	
6	GB/T 6171—2016	螺母 M12	6	A3	
5	C18.02.05	盖	1	ZL101	
4	C18.02.04	填料	1	石棉绳	
3	C18.02.03	垫片	1	纸板	
2	C18.02.02	塞子	1	ZL101	
1	C18.02.01	壳体	1	ZL101	
序号	代号	名称	数量	材料	备注

旋 塞		比例	C19.02.00
		1∶1	共 1 张 第 1 张
制图		(校名)	
审核		系 班	

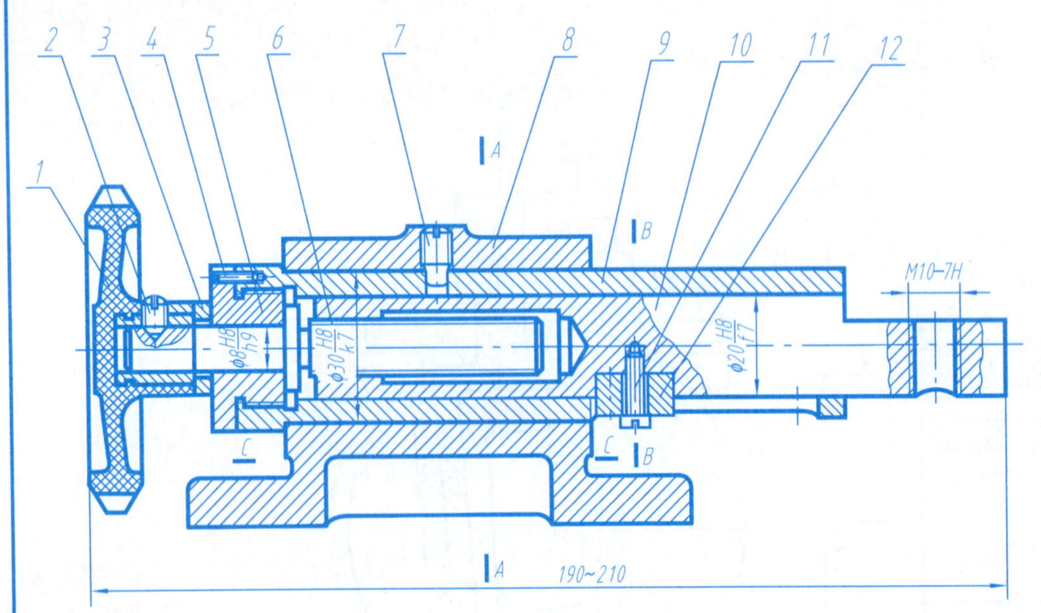

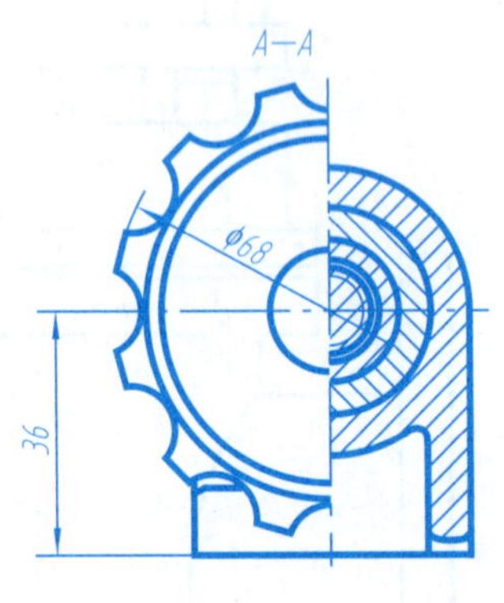

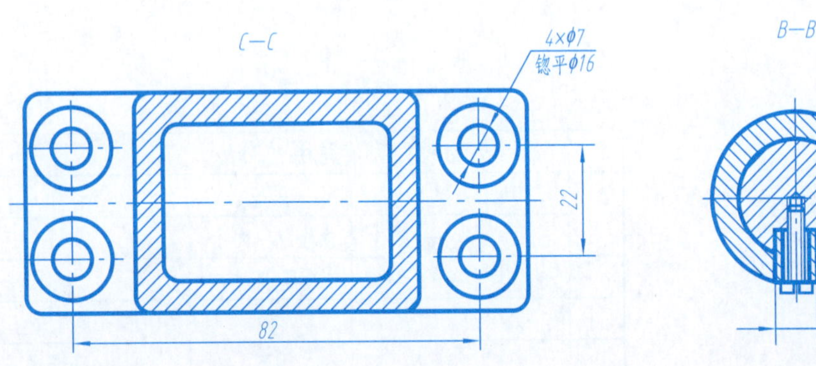

B—B

8 H9/h9

一、工作原理

该部件为氩弧焊机的微调装置。

导杆 10 的右端头有一个螺孔 M10，为固定焊枪用的，当转动手轮 1 时，螺杆 6 做旋转运动，导杆 10 在导套 9 内做轴向移动进行微调。

导杆 10 上装有平键 12，它在导套 9 的槽内起导向作用，由于导套 9 用固定螺钉 7 固定，所以导杆 10 只做直线移动。轴套 5 对螺杆 6 起支承和轴向定位的作用。为了安装方便，它的大端应铣扁。调整好位置后，用紧定螺钉 M3×8 固定，手轮 1 的轮毂部分嵌装一个铜套，热压成形后加工。

序号	名称	件数	材料	备注
12	键 8×16	1	45	
11	螺钉	1	Q235	GB/T 65—2016　M3×14
10	导杆	1	45	
9	导套	1	45	
8	支座	1	ZL102	
7	紧定螺钉	1	Q235	GB/T 75—1985　M6×12
6	螺杆	1	45	
5	轴套	1	45	
4	紧定螺钉	1	Q235	GB/T 73—1985　M3×8
3	垫圈	1	Q235	
2	紧定螺钉	1	Q235	GB/T 71—1985　M5×8
1	手轮	1	酚醛塑料	

微动机构		比例 1：1
制图		图号
审核		

二、思考问题

1. 当手轮 1 顺时针方向（按侧视图）旋转时，固定在导杆 10 上的焊枪左移还是右移？导杆为什么不能跟着手轮一起转动呢？

2. 想出平键 12 和轴套 5 的端面形状。

3. 部件中哪几个零件之间有配合关系？各选用什么基准制？哪一种配合？几级精度？